福建省住房和城乡建设厅 主编

福建传统建筑系列丛书

闽清传统建筑

MINQING TRADITIONAL ARCHITECTURE

黄晓忠 著

坂东镇新壶村宏琳厝

海峡出版发行集团 THE STRAITS PUBLISHING & DISTRIBUTING GROUP | 福建科学技术出版社 FUJIAN SCIENCE & TECHNOLOGY PUBLISHING HOUSE

作者简介

ABOUT THE AUTHOR

黄晓忠，福建闽清人，1970 年 9 月生。1988 年毕业于闽清一中，1992 年毕业于天津大学建筑系，1992 年至今在福州市建筑设计院从事建筑设计。正高级工程师，一级注册建筑师，现任福州市建筑设计院有限责任公司党委书记、董事长、首席总建筑师。福建省注册建筑师管理委员会委员，中国勘察设计协会城市更新分会常务理事，福建省土木建筑学会建筑师分会副会长，福建省优秀工程勘察设计、优秀建筑创作奖评审专家。

长期从事建筑设计，坚持城市设计、建筑设计、景观设计“三位一体”的整体设计理念，以营造在地、高效、人文的高品质城市空间和人居环境为设计目标，实践历史文化保护与传承、绿色低碳、城市更新和既有建筑活化利用。在人居环境、大型复杂公共建筑、超高层建筑、历史文化建筑等方面有较突出的实践经验和成果。同时积极推动企业和行业交流、融合、创新和发展，提升行业社会影响力和公众认知。

曾作为项目负责人或主要设计人承担了闽清科技馆、闽清游泳馆、福州海关业务技术用房、南平武夷名仕园、东湖数字小镇、大东湖悦海湾、闽清梅城印记特色历史文化街区、闽清一中天儒楼（重建）、福州三宝中心等众多省重点项目。截至 2024 年 10 月，累计获得部级、省级设计奖项共 64 项。其中，全国优秀工程勘察设计行业奖二、三等奖五项（东湖·海西高新技术企业港软件开发基地一期、福州海关业务技术用房等）。福建省优秀工程勘察设计奖一等奖 8 项、二等奖 6 项、三等奖 12 项；福建省优秀建筑创作奖一等奖 3 项、二等奖 2 项、三等奖 23 项、十佳住宅方案 5 项。

发表了《地域条件下保障性住房标准化设计课题研究》《基于城市肌理的历史文化街区的更新与活化》《从场地到场所——山地新城建筑整体设计研究》等论文。

《闽清传统建筑》编撰者名单

主　　　持：黄晓忠

摄　　　影：黄晓忠　黄阳阳　黄　辉　林爱挺　梁　畅　陈伟强　谢贤晟

　　　　　　许维亮　周　锦　张　锥　卢扬展　黄国荣　钟　航

撰　　　文：黄晓忠　陈伟强　陈苏清　黄　辉

调　　　研：黄晓忠　陈伟强　黄阳阳　陈苏清　黄　辉　林爱挺　梁　畅

审　　　定：黄晓忠

总序一

GENERAL INTRODUCTION Ⅰ

衣食住行是人类生存必备的四个要素。其中，“住”也就是千百年来人们营造的建筑。

传统建筑，文化古韵。它是凝固的历史，是文明的符号，是岁月的见证。

中国传统建筑体系是世界上独一无二的，以土木结构为主体，独立扎根在农耕文明土壤里。当下，只要用到中国传统技艺与材料所建造的传统建筑都可称作中国传统建筑。

在福建，因自然环境和历史移民带来的文化交流隔阂，不仅形成了 3 大方言群、16 种地方话和 28 种音，而且形成了 11 大类 33 小类传统民居类型。在福州，有汉民族古老里坊制人居格局的三坊七巷；在闽北，有青砖灰瓦、肃穆质朴、古风悠远的院落式民居建筑群；在闽中，有构筑奇特、聚族而居、防御性强如城池的土堡；在闽西南，有土木结构、防卫性能优越且适应大家族平等聚居的世界文化遗产福建土楼；在闽南，有“出砖入石”独特风格的红砖古厝建筑等。这些都是八闽大地丰富建筑文化的典型缩影。

“片云凝不散，遥挂望乡愁。”了解传统建筑，不仅是为了更好地保护、守住我们的乡愁记忆和文化气质，增强对福建传统建筑的自信心和自豪感，还在于指导现实，让传统理念和元素应用于现代建筑，延续好传统，传承好历史，让传统和现代交相辉映。

福建省住房和城乡建设厅是福建历史文化名城名镇名村传统村落以及历史建筑、传统风貌建筑保护和传承的省级主管部门。近年来，我们不断加大保护力度，已初步建立比较系统的保护名录，也对八闽地域建筑特色进行了一些梳理研究。如同济大学常青院士开展八闽古建筑谱系理论研究，梳理特色建筑语汇，编写《福建村镇建筑地域特色》《福建省地域建筑风貌特色》《福建传统民居类型全集》《中国传统建筑解析与传承（福建卷）》《福建古建筑》等系列书籍。总体上看，虽然做了一些基础性研究梳理工作，但研究还比较粗浅，不够深入，不够全面。

为进一步保护和传承好八闽大地上一座座“真宝贝”，推动总结、提炼全省各市、县（区）地域传统建筑特色，把握八闽传统建筑精髓和发展脉络，挖掘和丰富其完整价值，探索传统与现代建筑融合发展的理念和方法，福建省住房和城乡建设厅牵头组织开展“福建传统建筑系列丛书”编撰工作，以市县为单位，选取区域内现有的传统建筑遗存，包括传统聚落（如历史文化名镇名村、传统村落）、传统民居（如文物建筑、历史建筑、传统风貌建筑）、乡土建筑（如祠堂、书院、教堂、廊桥、古塔、牌坊等），在精选实例的基础上，进行合理分类，系统提炼地域建筑特色。

“此夜曲中闻折柳，何人不起故园情。”“福建传统建筑系列丛书”悉数八闽大地“珍馐”，将八闽大地上一座座“真宝贝”呈现到我们眼前，让我们不论身处何方，都能感受到祖先留下的一座座温暖家园，都能从砖瓦木石间闻到家乡味道，都能在一砖一瓦间邂逅最温情的家乡情怀，都能深切体会乡愁记忆在延续，文脉在永久流传。

福建省住房和城乡建设厅

2022 年 8 月

总序二

GENERAL INTRODUCTION II

泱泱中华，历史悠久，幅员辽阔，经纬纵横，建筑亦风格迥异，流派众多，并各具特色。

在众多流派中，闽派建筑以依山傍水、古厝马鞍而独树一帜，且因闽越文化、客家文化、海洋文化、侨乡文化等的互鉴交融，形成了多姿多彩的传统建筑风格和多种多样的建筑形式。有红砖白石燕尾脊、砖雕骑楼和尚头的泉州闽南风格，曲坡文脊砖间石、琉璃垂莲诗文屏的莆仙风格，黑瓦粉墙长披檐、隆脊悬山木墙裙的尤溪闽中风格，黑瓦土墙大围楼、石脚门饰大出檐的福建土楼风格，灰砖门楼马头墙、白沿雕饰高柱础的建州闽北风格，白沿门楼对山墙、鹊尾重檐长悬鱼的福宁闽东风格，白墙黑瓦马鞍墙、叠板门罩山水头的福州闽东风格，硬山石墙平屋脊、小窗窄檐压瓦石的海岛风格。也有城垣城楼、土楼城堡、府第民宅、文庙书院、古道亭桥等建筑形式，尤其是数量最多、分布最广的建筑形式——民居，更是充分展示了福建民众旧时的生活方式、喜好信仰、民俗文化和聪明才智。

这些传统建筑既蕴含着天人合一、宗法礼制等深厚的中国传统文化内涵，又充满着浓郁的人情味与独有的地域特色，是中国传统建筑文化中的瑰宝，具有重要的历史、文化、科学与艺术价值。它们似一颗颗明珠点缀在八闽大地上，彰显闽人高超的智慧和技艺。

习近平同志在福建工作 17 年半，对福建建筑文化遗产保护发展提出过许多前瞻性的思想和观点，并推动了一系列保护文化遗产的开创性实践。2002 年，时任福建省省长的习近平为福建人民出版社出版的《福州古厝》一书撰写序言，以深邃的思考、生动的笔触，深刻揭示了戚公祠、马尾昭忠祠、林文忠公祠、开元寺等古建筑的丰富文化内涵，做出了保护好古建筑、保护好文物就是保存历史、保存城市文脉的重要论断，阐明了经济发展和生态、人文环境保护同等重要的关系。

福建省高度重视传统建筑保护工作，持续推进普查认定，深入挖掘文化遗产资源，初步建立了包括历史文化名城、街区、名镇、名村、传统村落、历史建筑、传统风貌建筑等保护对象在内的全省历史文化保护传承体系，先后制定出台了两部法规、三个政策文件。其中，《福建省传统风貌建筑保护条例》为全国首创。

此次，为深入挖掘、研究、整理福建传统建筑，更好地普及福建传统建筑知识，展现八闽先人们的智慧，福建省住房和城乡建设厅组织编撰“福建传统建筑系列丛书”，这既是一项宏大的、浩繁的工程，又是一项功在当代、利在千秋的基础工作。它在为人们了解和认识八闽传统建筑提供一扇窗口，奉上精美的、具有福建特色的建筑文化大餐的同时，也为传统建筑研究提供基础资料，更为传统建筑与现代建筑融合发展提供鲜活的样板。

希望通过该丛书的编撰出版发行，能够迎来新时代地域建筑之佳构，建筑文化之鼎盛。让我们随着编撰者的叙述，开启探寻八闽传统建筑之门，在不同风格、形式的建筑中，于古老的墙、瓦、窗、棂中，去体悟匠人智慧，感受闽人乡愁。

是为序。

国际欧亚科学院院士
住房和城乡建设部原副部长
中国城市科学研究会理事长
仇保兴

序

INTRODUCTION

我大学时代就到过福建的福州、泉州、厦门等城市，前些年又在福建南北各地乡村考察，逐步体会了闽地城乡“八山一水一分田”的山水格局，闽语方言民系跨省向海的地域分布，以及闽系传统聚落适地宜居的构成肌理与营造类型。尤其是近三载主持福州中洲岛建筑的适应性再生设计，有机会在闽江两岸的烟台山、三坊七巷、上下杭等历史文化街区实地考察，对福州城市更新中的文化遗产保护，以及老旧街区的“留、改、拆、拼”有了新的认识。

闽清县是福州传统十邑之一，素有“江浊梅清”、人杰地灵的美誉。从宋代福州的“第一状元”许将、“梅溪二陈”、艺文名士白玉蟾等，到当代同济大学的著名校友吴孟超院士等，均为千年来的闽清翘楚。闽清云龙际上村的陈祥道、陈旸故里，白岩山景区和七叠温泉等，都是闻名遐迩的文旅胜地。尽管时过境迁，城乡改造使闽地传统聚落受到了摧枯拉朽般的荡涤，但幸存的乡愁载体也不少，如闽清就保存了以“桥东村”“樟洋村”等为代表形态比较完整的传统村落，以及“宏琳厝”“典利厝”等为代表的古宅大厝。这些风土遗产遂成为研究福州地域文化的“活化石”。

如今，举国上下都认识到了保护历史文化载体——古城、古镇、古村的重要性。然而我们所面临的问题是，在多已新旧杂陈的乡村聚落中，到底应该保哪些？怎么保？如何活化？何以再生？对此，我曾提出“走出农耕语境的乡土，留住文化记忆的乡愁，传承史地维度的风土，再造生态文明的田园”的个人观点。福州市建筑设计院黄晓忠院长所著《闽清传统建筑》一书，饱含故土情感，以实拍图片独到，研究分析深入，凸显闽清传统气韵为特色；以空间再生和文化传承为愿景，成为“福建传统建筑系列丛书”的重要组成部分，值得参考借鉴。

特此为序。乙巳二月写于沪上。

（常青：中国科学院院士，同济大学建筑与城市规划学院教授）

前言

PREFACE

始于2005年的“福建省优秀建筑创作奖暨十佳住宅设计方案”评选活动既是福建省建筑创作展示的平台，也是省内主要设计机构建筑师交流的平台。黄汉民先生在2021年的评审会上将他最新著作《福清传统建筑》赠给与会评审的我，我在敬佩老先生热爱传统建筑的同时，也有了跃跃欲试的想法。2022年福建省住房和城乡建设厅推动“福建传统建筑系列丛书”的编撰工作，在黄汉民先生的鼓励和推荐下，作为从事建筑设计的闽清人，我有幸主持编写《闽清传统建筑》，既感责无旁贷，也感责任重大。

闽清属福州十邑，简称“梅”，梅邑位于福州西部闽江中下游两岸，五代后梁乾化元年（911），闽王王审知升梅溪场置闽清县。闽清以“名山、碧水、温泉、古厝”而闻名，拥有“八闽岳祖”白岩山，以宋代“二陈”为代表的“礼乐文化”，以福州府第一位状元许将和国家最高科学技术奖获得者吴孟超院士为代表的“状元院士文化”，以下南洋开拓“新福州”的黄乃裳为代表的“华侨文化”，以宏琳厝、六叶祠为代表的“古厝文化”，是历史悠久、特色明显、底蕴深厚、人文荟萃的千年古县。其中作为历史文化载体的传统建筑值得研究和宣传。

少年时代，清利厝、三让堂给我留下快乐的古厝生活体验。大学时代，河北清东陵、天津杨柳青和福建南安的测绘实践及湖南凤凰的毕业调研提升了我对传统建筑的认知。近年来，母校闽清一中天儒楼重建、闽清梅城印记特色历史文化街区更新活化和福州烟台山乐群楼修缮工程的实践，让我越发感受到关注和研究传统建筑的重要性。

闽清传统建筑是闽清人日常生活和生命历程的重要空间载体。小孩出生、升学升迁要回祖厝告知先人。订婚、结婚要在张灯结彩的祖厝迎亲，举行典礼，宴请宾客，在喜气洋洋的气氛中办喜事。当生命即将走到尽头，老人会希望回到祖厝老去，得以在庄严肃穆的气氛中按传统的仪式办丧事。清明和中元节，各家各户都要在祖厝的厅堂祭祀先人，寄托思念，感恩泽被。每年八月初一到中秋节期间，由当年祭墓头组织宗亲族人扫墓、聚餐，在祖厝回味共同记忆，商议家族的未来。早些年腊月，人们在祖厝厅堂搭起踏碓，老少齐上阵，蒸、捣糯米做年糕。在祠堂搭起行台，从将军庙迎请将军，元宵节摆将军游神，走家串户，热闹非凡。这些场景虽然渐少，但依然是深深刻在梅邑人心里的集体记忆。

古厝在梅邑人心中是家、源流和精神港湾；是感受从哪里来到哪里去的地方；是凝聚家族亲情、温暖和力量的空间；也是感恩、缅怀先人，激励后人奋进的载体。这也是传统建筑在日渐远离日常生活场景之后依然需要被重视的原因。

《闽清传统建筑》在前人研究成果的基础上，通过大量的现场踏勘和调研，依靠技术手段和设备设施，从环境要素、选址格局、空间布局、形态风貌、材料技艺、历史人文等方面对闽清传统建筑做系统研究，呈现了闽清传统建筑注重风水的整体人居环境、规模宏大的聚族而居建筑单体、疏朗开阔的建筑空间布局、舒展丰富的层叠形态风貌、和谐自然的材料技艺传承，以及底蕴深厚的丰富历史人文。

希望《闽清传统建筑》能够成为关注闽清传统建筑的专业人士的新起点，建筑和摄影爱好者的新发现，梅邑乡土教育的新素材，展示梅邑历史人文的新视点，联结海内外梅邑族群的新乡愁。也希望得到业界和社会各方的指导指正。

黄晓忠

2023年中秋于闽清梅城

目录

CONTENTS

下篇　地域建筑特色

概述

SUMMARY

闽清县位于福建省东部，福州市西北部，闽江中下游两岸，地处北纬25°55′—26°33′，东经118°30′—119°01′。县域南北袤68.95千米，东西广51.8千米，县域面积1503.83平方千米。2022年，户籍人口32万人。

千年古县人杰地灵、底蕴深厚

唐贞元年间（785—804）观察使王翃析侯官西乡十里置梅溪场，五代后梁乾化元年（911）闽王王审知升梅溪场置闽清县。闽清，因梅溪与大江（闽江）汇，江水浊而溪水清而得名，又因域内梅溪两岸遍植梅树而称梅邑，县城为梅城。

闽清“万峰拱秀，一水环清”，具有“大江环左，屏山耸前，凤凰南翔，朱顶西舞”的风水格局。（图1）历史上“县治湾盘如镜，其水清，驶随山，曲折百里而遥，而后绕其治之正面水外之山，又绕其水，其入于江也。石壁沙洲交互相错，自内望之不见末流，四望诸山周回如瓯，所谓天城也。”（《闽清县邑侯姜公建城碑记》）民国十年（1921）《闽清县志》卷二《城市志》记载，“闽清历唐、宋、元、明均未建城……顺治十七年（1660）知县姜良性始建城垣……康熙元年（1662）九月落成，二年（1663）春报竣。”“周围通计五百一十丈，高二丈二尺，阔八尺，表里均用石砌……设城门四：东曰光化门，南曰宣政门，西曰永宁门，北曰拱辰门。各设城楼一座，共计四座。每座三间，合凤凰展翼赛角式……又设炮台三座，悬楼四座，形势巍然，可以瞭远射击……按城内原设水关一座，关上设楼房一间，关下水路崎岖，俱填补平坦，疏通一派山水入于小溪，汇流于外。”（图2）

图1 “城内山崎顶，城外梅溪绕”的“山、水、城”空间格局

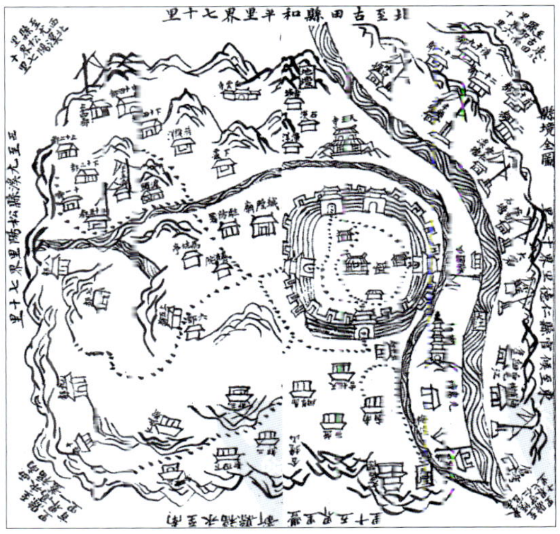

图2 闽清县城图

闽清属福州十邑，福州十邑是指历史上福州府所辖闽县、侯官、连江、长乐、福清（含平潭）、永泰（永福）、闽清、罗源、古田和屏南 10 个县，为乡音相连、风俗相通、利害相关的大福州地区，通行闽东语福州话，具有共同的文化认同。当代闽清除 1956 至 1959 年划属南平，1970 至 1983 年划属莆田外，均属福州。十邑中的闽清、永泰同属福州西部非沿海的山区县，人员经济往来相对密切，因此在语言、习俗上更加贴近，在传统建筑风貌上也有更多的相似点。

闽清立县千年辖地范围基本未变，1940 年县北原属闽清所辖的马洋、石郑、樟洋、北溪，以及沿闽江两岸的大溪、安仁溪、大箬由闽侯划还闽清。1955 年县境西南原属尤溪中仙区后佳乡的后寮、佳洋、卑溪、下峰寨和汤川区东洋乡的东洋、叶洋头、草洋等七个村划入闽清。县域东面由北到南，下祝乡邹洋、东桥、梅溪、云龙、三溪大限与闽侯的廷坪、洋里、小箬、鸿尾相邻；南面从东到西，三溪白岩山玳瑁峰、塔庄、省璜、上莲福鼎仙与永泰的白云、红星、盘谷、大洋、霞拔、东洋、长庆相邻；西面由南往北，上莲石厝顶、池园、金沙、雄江、桔林洋尾垄与尤溪、延平和古田相邻；北面从西到东，桔林虎头山、东桥、下祝和古田、闽侯相邻。

闽清县境内闽江以南为闽中山带戴云山脉东北麓，闽江以北为闽北山带鹫峰山脉南麓。全县四周群山连绵，整个地势具有从四周山地向中央的闽江、梅溪河谷逐渐降低的趋势。全县山地面积占总面积的 67.1%，山间盆谷占 1.83%，平原占 5.63%，溪流水域占 1.09%。闽清地势险峻，沟壑纵横，水系发达，县内千米以上的山峰计有 112 座，位于县境北面东桥乡与古田县交界处的须弥山海拔 1368.7 米，为县内第一高峰。

福建省最大的河流闽江自西北向东斜贯闽清县域 29.5 千米，从雄江的梅雄村入境，流经雄江、东桥、梅溪、梅城等一镇三乡十九村，由梅溪的石湖、新民村出境，年流量为 519.1 亿立方米。闽江将全县分成南北两部分，县域四分之三在闽江以南，四分之一在闽江以北。

闽清境内闽江水系的河流流域面积在 30 平方千米以上的共有 17 条，总长 358.55 千米，流域面积 1486.9 平方千米。梅溪是县境南部的主要溪流，发源于省璜乡，主流全长 78.6 千米，县境内流域面积 854.78 平方千米，年流量 8.03 亿立方米。梅溪由南向北顺流沿途纳岭寨溪、濂溪、文定溪、芝溪（白中珠中）、金沙溪（白樟新庄洋）、下炉溪、昙溪诸支流之水，经梅城溪口汇入闽江。芝溪作为梅溪中游的一条主要支流，全长 40 千米，流域面积 229.4 平方千米，纳庄洋溪、炉下溪之水，流经 3 个乡镇至白中珠中汇入梅溪。闽江南部除梅溪及其支流之外，还有金沙的麻坑溪、雄江的大雄溪和安下的石潭溪等溪流。闽江北部，主要有东部的安仁溪，流经下祝、东桥，全长 39 千米，境内流域 222.9 平方千米。西北部有古田溪，流经桔林，县境内流域长 16.6 千米，流域面积 92.9 平方千米。

闽清从元代开始设都，乾隆版《闽清县志》记载了九坊乡二十四都，民间习惯以“都”来相对更准确地界定不同的行政区域。一至十七都在闽江以南，沿梅溪由北向南而上，东边到省璜是一至十都，再从西南顺芝溪、梅溪而下是十一至十六都，十七都雄江是独立于梅溪之外的大雄溪流域。闽江北东侧下祝、东桥是安仁溪流域，顺流而下是十九至二十二都，感德洋属于桔林，但属于安仁溪流域，为二十二都。桔林二十三、二十四都位于古田溪东岸，属于古田溪流域。各都之间通常以山脉、河流等自然地形地貌作为最直接、最明显的区分。对于闽清这样的多山地区，在交通不便的年代，水路是重要的交通通道。同一水域人员和物资流通更加便捷、频繁，因此同一个都在方言、文化、社会、经济等方面具有更高的一致性。闽清方言俗称“闽清话”，属于福州方言体系，其用词、语法和语音与福州十邑其他地区大同小异。梅城镇和闽江两岸的梅溪、雄江、东桥三乡镇说话口音接近福州市区，称“平水腔”，闽江以南不临闽江的 10 个乡镇说话口音浓重，独具闽清特色，称为“都里腔”，是闽清话的代表。而桔林口音与古田话相近，下祝口音与闽侯相似。这些都充分验证了山川、流域对方言的影响，也由此形成了同一县域传统建筑的异同。

闽清以“名山、碧水、温泉、古厝”而闻名，拥有“八闽岳祖”白岩山，以及以黄楮林、七叠温泉为代表的“温泉文化”，以宋代“二陈”为代表的“礼乐文化”，以福州府第一位状元许将、状元郑性之和国家最高科学技术奖获得者吴孟超院士为代表的“状元院士文化”，以下南洋开拓“新福州”的黄乃裳为代表的“华侨文化”，以宏琳厝、六叶祠为代表的“古厝文化”，以东南瓷都池园和东桥义窑为核心的“陶瓷文化”。此外，这里还诞生了道教南宗五祖白玉蟾，南宋诗人、四大家之一萧德藻，密电奇才、抗日功臣池步洲，舍身御寇、甲午英烈黄乃模，佛教名僧古月禅师，茶界泰斗张天福……闽清是历史悠久、特色明显、底蕴深厚、人文荟萃的千年古县。

聚族而居，建筑规模宏大精微

中国有俗语“张王李赵遍地刘”，而福建素有 “陈林半天下，黄郑排满街。”陈、林、黄、张四姓占全省人口的 30%。闽清全县共有 447 个姓，其中 7 个万人以上的姓分别是黄（16%）、刘（9.3%）、林（8.8%）、陈（8.7%）、张（6.3%）、吴（4.4%）、许（4.4%），全县四大姓占总人口近 44%，姓氏族群集中度足以体现闽清聚族而居的特点。

农耕时代聚族而居形成的姓氏族群集中度和与之对应产生的社会结构和管理模式，加上财富的集聚，使规模宏大的单体建筑的营造有需要，也有了可能。坂东镇新壶村虎丘黄氏的宏琳厝、坂中村刘氏的四乐轩、溪头埔张氏的岐庐、塔庄坪街村寨里黄氏的冬畴厝、池园吉前王氏的端礼寨等都是规模宏大的单体建筑的代表。最典型的是宏琳厝，主座八扇七间，三进院落间以两条横街过渡，书院之外是横厝，横厝之外还有外横厝，历经 28 年建成，建筑单体占地面积达 17800 平方米，曾聚族而居 100 多户 900 多人，具有“中国最大单体古民居建筑”之美誉。

祠堂是中国农耕文明祖先崇拜文化之下敬宗、尊祖、睦族的重要建筑载体。据 1993 年版的《闽清县志》记载，全县曾有 65 个姓氏的 230 多座祠堂。坂东镇垅上村规模宏大的十扇九间虎丘黄氏的六叶祠、玉坂村刘氏祠堂、溪西村闽清张氏祠堂、文定村许氏祠堂等是聚族而居形成的祠堂文化的典型代表。

宏大精微之下，传统建筑呼唤适宜的组织建构。

礼乐交织，总体格局有序和谐

中国是礼仪之邦，礼乐文化是中国传统文化的核心。《周礼》以天官冢宰、地官司徒、春官宗伯、夏官司马、秋官司寇、冬官考工记等“天地四时”六篇对政府、教育、祭祀、军事、刑罚及工具制作等六个方面进行了规范。不同场合、不同身份，不但礼仪有别，所用的音乐也不一样。如祀天神，“乃奏黄钟，歌大吕，舞《云门》”；祭地示，“乃奏大簇，歌应钟，舞《咸池》”。关于乐队和歌舞队的编制，也有严格规定。“礼”代表着天地自然社会的秩序，同时通过“乐”实现秩序下的和谐。

闽清二都云龙的际上凤凰山下是北宋著名的礼学家和乐学家、有“二陈”之美誉的陈祥道、陈旸兄弟的故乡。陈祥道，字用之、祐之，北宋经学家、礼学家。英宗治平四年（1067）进士，官至秘书省正字、馆阁校勘。著作《礼书》是宋代礼学代表作之一。作者将古代礼制如宫室、衣服、车旗、械用、冠婚、丧祭、朝聘、射御等分条列目，并积极探究礼制背后的精神及发展演变轨迹。

陈旸，字晋之，北宋音乐理论家。因精于乐律，参加《乐书》编纂。《乐书》全书二百卷。其中第一至九十五卷摘录《诗经》《尚书》《周礼》《周易》《春秋》等古籍中有关音乐的专词和记述，并加以诠释训义；另一百零五卷则论述五声和历代乐章、乐舞、杂乐、百戏等，记述各种乐器，并附乐图，具有重要的史料价值。

宋理学大家朱熹称赞“二陈”是“棣萼一门双理学，梅溪千古两先生”。南宋状元张孝祥慕名造访凤凰山时，赞美“二陈”才华，在村口巨石上写下“起傅岩”。我国著名文物专家、国家文物局中国文化遗产研究院研究员王世襄曾在其文章中指出宋代陈旸的《乐书》是我国出现的第一本音乐百科全书。

闽清传统建筑充分体现了礼乐文化影响下的秩序与和谐。在规模宏大的格局下，单体建筑形成沿中轴层层递进的空间序列关系。从中轴入口的虎头门进入建筑，过插屏门或回照门廊，从回廊或书院经正官房到达厅堂，或沿中轴经下埕登台阶穿廊入厅堂。厅堂和两侧正官房前内收的廊沿扩大空间形成具有复合功能的公共开放空间：从具有仪式感的庄重的祭祀议事、婚丧嫁娶，到具有生活烟火气息的过年酒宴、嬉戏攀讲，不同的场景可以很好地转换生成，体现了礼的仪式与秩序、乐的包容与和谐。下埕庭院尺度开阔、界面丰富，日照通风良好，可以休闲，晾晒纳凉。在礼乐交织下，一方面，同一公共空间可以被多元定义和适时转换，体现了充分的适应性；另一方面，私有空间则按照长幼有序、内外有别的规则界定权属和使用。多进院落以后落为长，同一进以左为长，左右依次界定权属。

礼乐交织之下，闽清传统建筑实现了有序和谐的组织建构。

在地营造，壮观风貌气韵生动

闽清"八山一水一分田"，不同于平原和沿海地区，山地丘陵在地营造的关注重点是风水地景的选择塑造。山及与之关联的河流是地形地貌认知、聚落建筑选址和建筑朝向选择的关键。因山就势、背山面水是山地丘陵风水地景选择塑造的基本原则。这样，一方面主要朝向的空间开阔，景观舒展有层次。同时，建筑借助地形地势强化了空间递进，形成了更为壮观的景观场景。如桥东谢氏祖厝坐东南风水林，朝向西北开阔的云龙、云渡；冬畴寨坐南枕玉台山朝北；宏琳厝坐西南背枕柯洋仙面朝东北演溪玉带，尤其后两座建筑建在平坦开阔场地，在用地条件许可的情况下也没采用通常认知的坐北朝南，从一个侧面说明了传统营造对风水地景的关注是决定性因素，优先于采光日照、生活便利、安全防卫、建造成本的要求。因山就势、背山面水的在地营造，造就了闽清传统建筑壮观宏大的地景景观。

处在开阔疏朗的自然环境或乡野村落中，大厝建筑的各个界面都可以得到充分展示，也得到更加完整的塑造。质朴自然的或高或低卵石整石花基，错落有致的夯土墙上灰瓦墙头，高大舒展的封火山墙，形成相对独立而非集聚的闽清传统大厝建筑，它与自然环境界面共同塑造了壮观质朴的建筑景观。

福州十邑中的闽清、永泰同属福州西部非沿海的山区县。同时，闽清和尤溪相邻，其传统建筑都具有质朴自然的特点，有别于南部福清、莆田的重彩艳丽。尤溪和永泰强调防卫功能的寨堡遗存较多；隔闽江的古田、屏南和闽清江北三乡镇则更多地采用原生的垂直分筑的夯土墙，在门窗洞口和铺装局部采用烧结青砖，并有马头墙或弧形的山墙形式。正如方言上所体现的，闽清和永泰的传统建筑最为相近，闽清传统建筑的特色重点体现在云墙、虎头门、兔耳楼、封火墙和屋顶形态等方面。

云墙是闽清古厝的特征之一。中国传统园林中的云墙随着地形或环境而蜿蜒起伏，形似游龙，富有动感，并常设有透空的窗洞。云墙突破了建筑院墙简单的隔断、围合的功能，以墙瓦勾勒的连续舒展线条和起伏的山峦、天上的云朵相呼应，形成闽清古厝的正立面形象和差异化特征。云墙造型反映了建筑主体的高低变化，结合瓦花、砖花形成的庭院间隔断云墙，既利于采光通风，又造就了内部庭院空间丰富的界面肌理和光影景观。云龙福泰厝、谢厝里，坂东宏琳厝等是闽清云墙诗意表现的代表。

虎头门是闽清古厝常见的三种入口处理形式之一。早期的“凤凰展翅”式古厝是在矮墙院落的入口设置两坡入口风水门亭，如云龙官庄下邓祖厝和上莲上丰大王后厝。寨堡则多在高大的院墙设置整石门洞入口，如省璜娘寨、坂东岐庐等。最为普遍和独特的是在高度错落起伏的云墙中轴入口处设置造型独特、气势十足的虎头门，如坂东新壶宏琳厝和池园顶坑安庐。虎头门两侧的厚重墙体上部通过木梁或石梁挑出一段叠涩砖墙，其上做一段垂直墙体后生成起翘飞扬的墙帽，墙体正面山水头、牌堵做灰塑装饰。两侧墙体和披檐、大门围合形成的半开放空间中装饰墙裙、厝名匾额等，提高了建筑入口的空间特色和文化艺术气质。

“兔耳”是闽清方言对传统建筑中通常突出高耸在单体建筑的两个角部，且具有一定防卫功能的夯土楼的称谓，也称“土楼”“洋楼”。兔耳楼平面通常为方形，独立设置楼梯并和主体建筑联结，对角布置并突出于建筑的院墙。通常三层高的兔耳楼满足了瞭望功能，厚厚夯土墙上设有斗形窗洞和铳眼，满足了防卫功能。兔耳楼内部空间独立完整，具有很好的通风和视野，加上高耸独特的体量，在满足防卫功能的同时增加了建筑的可识别性和建筑轮廓高低交错的美学价值。

封火墙是闽清传统建筑又一显著特色。高大的“几”字形封火山墙超越了单纯的防火功能，形成独特的艺术气质。最典型的封火山墙如塔庄冬诚厝的，屋脊两侧封火山墙又高又宽又厚，板瓦披覆的墙头顶部两端微微耸起，随后以陡峭的曲线速降，接着又是昂扬地起翘，或止于灰塑装饰的山水头，或以燕尾脊再次划破天空。其下是层叠的枭混线和彩绘或灰塑装饰的壶边，壶边转角做螭虎或竹节造型。为了保护高耸的侧墙面不受雨水破坏，有的以黄土草泥浆和竹钉固定挂瓦形成瓦衫保护，有的以檩木挑出山墙形成披檐保护。由功能出发又高于功能的形态、构成、材料、构造形成的封火墙，是最具美感、力度和独特性的闽清古厝标志。

轻盈的云墙、厚重的虎头门、高耸的兔耳楼、高大的封火墙，在舒展的屋脊起翘和延绵有序的灰瓦屋面的丰富背景下，在不同视点场景都构成了在地营造气韵生动的壮观风貌。

内外交流，拱券外廊多元风貌

闽清是福建省重点侨乡，华侨文化浓厚。1874 年六都人黄钺赴缅甸行医，成为县内有史可查的第一位华侨。据统计，目前闽清县在海外的华侨华人有 30 余万人，主要分布在马来西亚、新加坡、澳大利亚、印度尼西亚等国家和地区。其中，在马来西亚的最多。1900 年，黄乃裳率 1000 多名以闽清、古田为主的十邑同乡下南洋，远赴马来西亚沙捞越州的诗巫垦荒。落脚谋生创业成功的华侨华人怀着对故土乡亲家人的深厚情感，对家乡的祖厝修建及教育公益等事业投入了极大的热情，海外华侨建造了以云龙后垅徐氏宗祠（后垅小学）、池园顶坑安庐、梅溪建兴村 170 号洋楼厝、池园前洋 83 号篆庐等为代表的历史建筑，同时也将南洋的遮阳百叶、青砖立柱拱券及外廊式建筑元素融入闽清传统建筑的营造之中。

1864 年美国神学博士薛承恩首次来闽清六都传播基督教，1866 年，黄乃裳等三人成为闽清最早的基督教徒。基督教会于 1897 年在六都创办薛承恩妇幼医馆（善牧医院）。1917 年，布道司蔼树棠校长迁天儒高等小学（闽清一中前身）到县城西门外，先后兴建了主综合楼（天儒楼）、教士屋、树荣楼及校舍等中西结合的砖木混合坡屋顶建筑群（图 3、图 4）。1924 年，基督教真源堂礼堂和牧师楼在县城山崎顶兴建，青红砖结合拱券设百叶窗成为民国期间新的建筑元素。

华侨和教会组织等带来的内外交流，对闽清民国时期建筑产生了多元影响。

图 3　20 世纪 40 年代初天儒中学校景

图 4　20 世纪 40 年代末闽清中学校景

闽清作为千年古县，人杰地灵，底蕴深厚；闽清传统建筑因聚族而居，而建筑规模宏大精微；因礼乐交织，而总体格局有序和谐；因在地营造，而壮观风貌气韵生动；因内外交流，而拱券外廊多元风貌。闽清传统建筑以轻盈的云墙呼应天地山川，以厚重的虎头门吸纳风水景观，以高耸的兔耳楼标志顾盼有情，以高大的封火墙诠释气韵生动。闽清传统建筑彰显了独特的营造理念和价值。

梅溪镇桥东村

上莲乡上丰村

云龙乡后垅村

梅溪镇梅埔村鳌峰寨

下祝乡洋边村

梅溪镇桥东村谢氏祖厝近景鸟瞰

考察调研村落位置信息表

	梅城镇		省璜镇	89	过洋村
1	梅城镇城区	54	良寨村	90	义由村
2	大路村	55	山边村	91	朱山村
	梅溪镇	56	省璜村	92	黄坪村
3	桥东村	57	塘下村	93	湖洋村
4	樟洋村	58	王洋村	94	下宅村
5	塔峰村		池园镇	95	北洋村
6	北溪村	59	丽山村	96	刘山村
7	钟石村	60	东前村	97	村后村
8	榕星村	61	店前村	98	新桥村
9	梅埔村	62	东洋村	99	溪沙村
10	建兴村	63	陈厝垅村	100	安仁溪村
11	渡口村	64	岭头村石鼓畲	101	大溪村
	云龙乡	65	池园村	102	大箬村
12	后垅村	66	顶坑村	103	溪芝村
13	际上村		上莲乡		下祝乡
14	际下村	67	上丰村	104	洋头村
15	台鼎村	68	樟里村	105	源溪村
16	台埔村	69	佳洋村	106	洋边村
17	云中村	70	莲埔村	107	尾厝村
18	官庄村		金沙镇	108	堡顶村
	坂东镇	71	三太村	109	箬洋村
19	溪峰村	72	广峰村	110	后岭村
20	新壶村	73	下林村	111	罗山村
21	下洋村	74	上演村	112	下祝村
22	车垅村		白中镇		桔林乡
23	洪安村	75	继新村	113	后洋村
24	垅上村	76	霞溪村	114	伴岭村
25	楼下村	77	黄石村	115	宝湖村
26	塘坂村	78	普贤村	116	四宝村
27	文定村		白樟镇	117	桔林村
28	溪西村	79	白南村	118	尚德村
29	坜埔村	80	半山村	119	温汤村
30	湖头村	81	圆头村		
31	朱厝村	82	樟山村		
32	下浦里自然村	83	下炉村		
33	坂东村	84	白云村		
34	坂西村		雄江镇		
35	坂中村	85	饭宅自然村		
36	鹿角村	86	尚坑村		
	三溪乡		东桥镇		
37	宝溪村	87	南坑村		
38	山墩村	88	官圳村		
39	佳垄里村				
40	前光村				
41	前坪村				
42	上洋村				
43	溪源村				
	塔庄镇				
44	莲宅村				
45	塔庄村				
46	下庄村				
47	坪街村				
48	秀环村				
49	坂尾村				
50	茶口村				
51	炉溪村				
52	梅寮村				
53	上汾村				

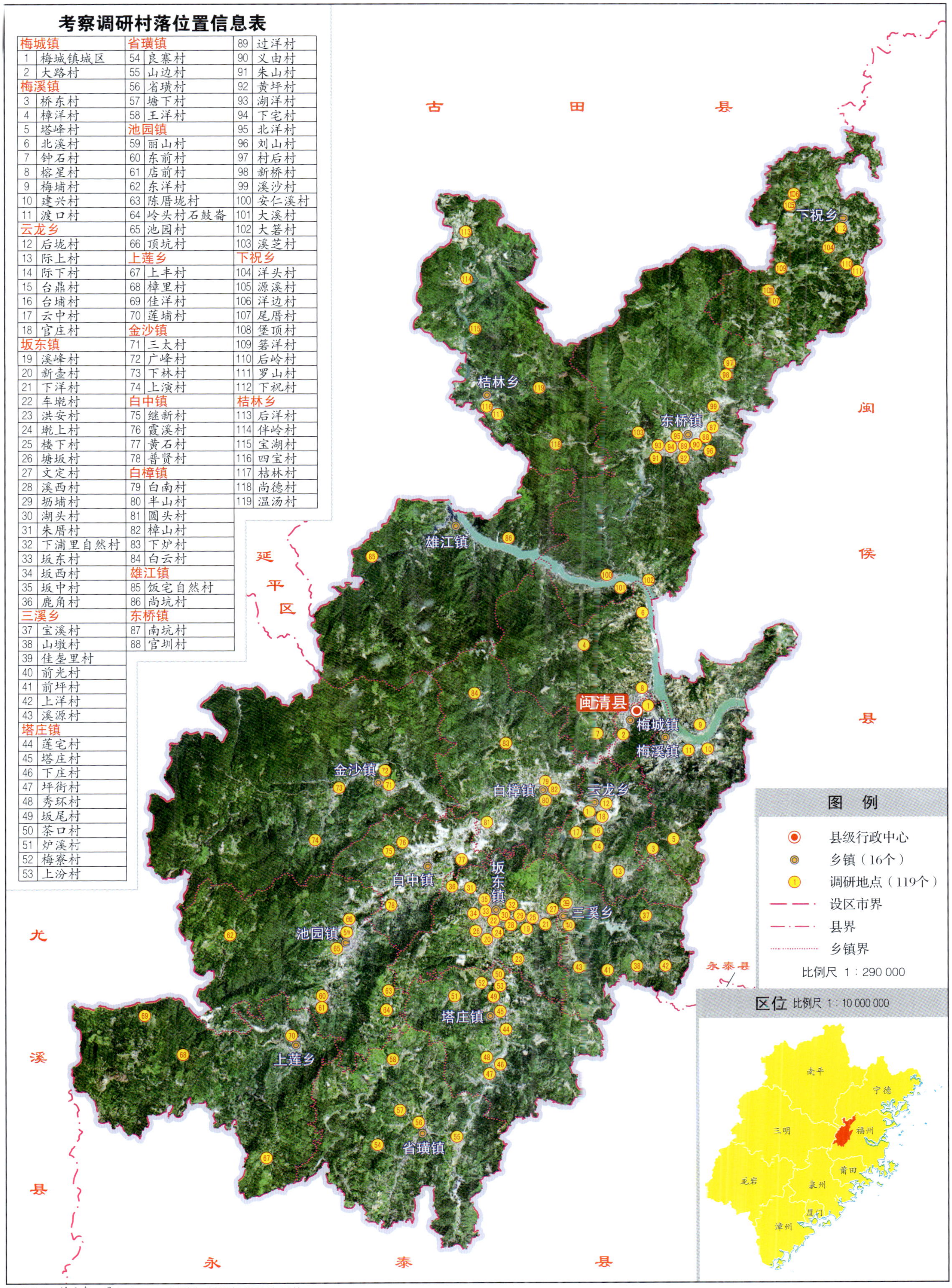

编制单位：福建省地图出版社　审图号：榕图审〔2024〕16号

上篇 传统建筑实例

“人之居处，宜以大地山河为主。”闽清位于闽江中下游，上可溯江进入闽北山区，下可顺江平出福州盆地。沿着闽江及其支流，闽清境内（江南以梅溪流域为主，江北以安仁溪和古田溪流域为主）散布着16个乡镇，而3个中国传统村落和32个福建省传统村落是闽清传统人居环境的典型代表和精华，承载和记录了闽清千年的历史文化。本篇我们重点介绍了其中的12个村落，并增选闽清作为东南瓷都产业的代表性村落——池园丽山村。

6个寨堡庐庄是传统民居中防御功能得到强化的典型案例。聚族而居集体生活防御的规模特点、强调防御功能而相对独立的高台地选址、采用高大石材花基和夯土墙而生成的独特气势、既要通行又要防御的层层寨门都构成了寨堡的独特性。

43个传统民居按照闽清传统24个都（历史上有24都，其中13、18都的区域划分现无从考证）的地理空间区划顺序来介绍。这样以都分区主要是为了还原更长历史时间山水地理和经济、风俗对传统民居的影响，如传统建筑布局、营造理念、乡土建筑风貌及材料技艺等方面，即使在同一个县域也存在差异。

闽清虽处内陆山区，但位于沿海往山区、闽中往闽东的区域。梅城印记浮桥头街、渡口老街、池园老街作为三个为数不多的历史遗存老街，通过梳理仍能追忆往日的商业繁华。

闽清地区文化积淀深厚，宗祠文化、侨乡文化、民间信仰多元，祠堂书院文庙、宗教建筑、桥塔等类型繁多。其中祠堂之冠六叶祠规模宏大，六叶传芳；耕读学堂文泉书院因坡就势，书香浓厚；木拱廊桥合龙桥横贯双溪，气势如虹。本篇祠堂书院文庙选取了10处，宗教建筑选取了8处，桥塔阁亭选取了5处，它们有的依山而建、借山藏寺；有的深处街巷、隐匿繁华；有的临水而建、偎依古木。这些公共建筑形制独特，富有地方特色，共同丰富着闽清人民的现实生活，也涵养着人们长久的精神寄托。

4个活化利用的案例反映了对既有历史建筑利用的实践。上篇总共92个案例，比较全面完整地反映了闽清传统建筑的整体状况。

梅溪镇桥东村远景鸟瞰

一、传统村落

传统村落凝聚了当地文明发展与变迁的历史，不仅拥有和谐的人居环境、特色的空间风貌、系统的营造技艺、延续的历史环境等物质文化遗产，也具有风土人情、习俗信仰、社会结构、生活方式等非物质文化遗产。通过传统村落保护，我国形成了世界上规模最大、内容和价值最丰富、保护最完整、活态传承的农耕文明遗产保护群。

闽清传统建筑村落，蕴藏着丰富的历史信息和文化景观，是片区乡土文化和地域特色的多元载体。它属于传统聚落的一种具体表现形式。

闽清县拥有坂东镇新壶村、梅溪镇桥东村、云龙乡后垅村 3 个中国传统村落，以及 32 个福建省传统村落，这些传统村落是闽清传统文化最重要的载体。

与自然环境相协调融合是闽清传统村落的特点。村落多数坐落在丘陵山地，在选址、布局和景观上强调和自然山水的关系，通过借景、对景的手法营造风水景观。良好水田是生产生存的稀缺资源，村落布局就要协调处理生活居住、生产农田、生态景观的关系，合理利用土地资源，处理好安全、便利和宜居的关系，因此建筑用地通常选择在较平坦田地和山地衔接的缓坡地。由于聚族而居，村落建筑单体规模普遍较大，有的村落甚至是以一个姓氏或一座大厝为核心生成和发展的，如新壶村、桥东村，因此形成严整大厝布局，但也因村落大厝建筑关系松散而缺少紧密连续的街巷空间。

历史人文底蕴深厚是闽清传统村落的另一特点，传统村落是千年古县历史文化的重要载体。省级传统村落坂东镇文定村是福州第一位状元许将的故里，因许将字文定而得村名，至今仍留存许氏宗祠，是闽清状元文化的重要载体。中国传统村落云龙乡后垅村是国家最高科学技术奖获得者吴孟超院士的故里，在美丽的山下田边还建有吴孟超院士馆，弘扬院士文化。省级传统村落云龙乡际上村位于雌雄山环抱的山谷间，是北宋礼乐名士陈祥道、陈旸的故里，是“二陈”礼乐文化的重要溯源地。

传统村落是我们完整了解闽清传统营造智慧和人居环境，以及历史人文底蕴的重要遗产。

桥东村中景鸟瞰

梅溪镇桥东村

桥东村地处闽清县梅溪镇南部高山，海拔约598米，东面邻塔峰村，南面、西面连际上村，北面靠上墩村，由主村落和青山、大山坪、八洋、三斗洋、野猪段等6个自然村组成，村域面积3.2平方千米，2019年，全村共105户316人。

桥东村民聚族而居，其先祖谢尔显于清康熙年间由闽侯县洋里乡安仁村迁至此地。历史上，桥东村原名桥东山，为缅怀谢氏祖先东晋谢安“东山再起”而取名小东山，由“小”的谐音而改为桥东山。桥东村背靠大湖仙山，坐东南朝向西北。主村落东北面是原生森林，东南侧是拥有高大风水林的小山丘，两条溪流从东北和西南两侧山谷穿出。桥东村有风水林1处，古树26处，古桥2座（分别横跨东面和西面两条溪流），古道2处，沿路建有“鹿洞亭”供过往行人休憩，清代传统风貌建筑10余座，与石旗杆碣和武石等共同构成古村落的环境景观。

村内历史风貌建筑多建于清康乾盛世时期，主村落中3座祖厝和1座祠堂连成一片古民居，方圆3千米之内还有5座大厝，分别为青岫厝、大山坪厝、野猪段厝、桥头厝、三斗垅厝（仅大山坪厝保存较好）。祠堂左边建有大王宫，右边小溪桥旁“狮公殿”道教法师庙宇，为桥东村重要的民间祭祀场所。

其中，最为精彩和集中的建筑群落是由谢氏祠堂、可扬公祖厝、道典公祖厝和大王庙组成的连片古厝群。3 座祖厝依山而建，不同庭院坐落于不同的台地之上，根据山势，层层推进。每个庭院正座作为高点，正座前后又有天井、书院等不同高度的建筑物，多个院落串联在一个中轴线上。正座两侧马鞍形封火墙，线条流畅、起起伏伏，建筑群落高低错落，极具美感，当地人称“小布达拉宫”。自宗祠极目远眺“白云山下白云渡”，遥望可见云龙的台鼎、官庄、后垅等村落。

桥东村处于闽清东南部山区，注重安全防御，建筑多围合成高墙建筑，石砌夯土垒筑，厝间设防卫通道，具有整体寨堡式村落防卫特点。村落地形高差较大，用地局促，建筑多为一进到两进空间布局，横向也仅有一座横厝。建筑主要向高处发展，由单层发展为带有多层、夹层的空间建筑，体量、高度均大于平原型大厝，高大开阔的建筑空间提高了居住舒适度。村落四周还有大片竹林、果林、松林和田野等，是闽清山地型传统村落的代表。

清代《闽清县志》中对桥东村有特别描述，不逊当年东山小别墅，胜占山峦之中，幽居僻壤之内，居人且耕且读，值得称道。

2016 年 12 月，桥东村入选第四批中国传统村落名录。

桥东村垂直鸟瞰

桥东村大王宫

桥东村民居鸟瞰

桥东村中景鸟瞰

桥东村山径组图

桥东村聚落依山就势风貌

桥东村村落近景一

桥东村村落近景二

桥东村谢氏祖厝近景

桥东村谢氏宗祠中景

桥东村谢氏宗祠合院

桥东村村落街巷组图

樟洋村远景鸟瞰一

梅溪镇樟洋村

樟洋村地处闽清县梅溪镇西北部，位于国家级黄楮林自然保护区境内，平均海拔约 300 米，北临闽江，与石郑村、榕院村、榕星村、北溪村、大溪村、梅台村及白云林场相毗邻。村中林姓最多，其次为刘姓，村域面积 15.31 平方千米。2019 年，全村共有 385 户 1252 人。

樟洋村拥有 800 年的“村龄”，南宋宁宗嘉定元年（1208）状元郑性之（1172—1255）家族在此生活，村中古厝、宫庙祠堂与古道、摩崖石刻共存。现存 1 处省级文物保护单位（万松岭驿道）、1 处县级文物保护单位（文昌宫）、7 处登记不可移动文物（白岩石刻、上爿厝、炉边寨、林氏支祠、威烈庙、炉边下寨、林氏祖厝）。

在地形地貌上，村落南北临山，山间盆地田野空阔，盆地中清溪自东向西蜿蜒过境，人称“樟洋水流西”。全村共形成了 4 个聚落组团，村落西北侧有部分新建建筑，南侧多为有较高保护价值的传统风貌建筑和文物保护单位。总体上看，“田厝相间、背高面低”是樟洋村最大的景观特色，它属山谷盆地型传统村落。

村中规模较大的古厝 20 余座。传统建筑以炉边厝为代表，建筑依地势高低分上、下两寨，共占地 9000 多平方米。林氏宗祠位于洋中，尚保留 2 组 8 块清代旗杆碣；林氏支祠位于炉边，旗杆碣与支祠二者均为不可移动文物。

樟洋村崇文重教、耕读文化浓厚，其中以文昌宫为代表，内奉文昌君，旧时这里也做村办社学之所。村境内现存南宋状元郑性之的“万松岭”“白岊”摩崖题刻，以及万松岭古驿道、祠堂、宫庙、路亭、古桥等古迹，展现了深厚历史文化底蕴。近年来，闽清县与清华大学合作，选址樟洋村宝英厝，对既有传统建筑活化利用，设立清华大学社会实践基地、乡村振兴工作站，持续发挥作用。

2015 年 9 月，樟洋村入选第一批省级传统村落名录。

樟洋村远景鸟瞰二

樟洋村中景鸟瞰

樟洋村炉边下寨近景局部一

樟洋村炉边下寨近景局部二

樟洋村炉边下寨近景

樟洋村文科厝近景

樟洋村宝英厝中景

樟洋村宝英厝鸟瞰

樟洋村林氏祖厝旗杆碣

樟洋村文昌宫

“万松岭”石刻

云龙乡后垅村

后垅村古称“厚龙”，地处闽清县云龙乡中南部，海拔约 64 米。东邻梅溪镇南泉村，南连官庄村，北靠竹柄村，西邻台鼎村，旧时有三条古道横贯村境，自古为县内交通要处。下辖 6 个自然村，包括学堂片、上下李、上下吴、三际坂、坑宅和大墘，村域面积 9.76 平方千米。2024 年，全村共有 1056 户 3214 人。现村中徐、吴、谢、张、李等姓多于明代隆庆至万历年间自永泰、长乐等地迁入。

后垅村背靠巍巍大湖山，地形地貌上属典型的山谷盆地型聚落。村中共形成多个散点聚落。每个聚落以大厝为核心，各聚落朝向不一，宅前沃野，屋后山伺。大墘自然村青山环抱，后山半山腰处的崖壁遗存清代“吉溪陂”古圳。吉溪蜿蜒过境，自东向西盘绕全村，村口形似“狮崙虎山把口”，园中有“灵犬护隔石”，村后 7 条山脉逶迤而下，奔向一座状如蛤蟆的小丘，人称“七蛇赶蛤”。

后垅村上庐厝

后垅村大墘张氏聚落

后垅村功烈轩

后垅村远景鸟瞰

村中现存典利厝、功烈轩、旗杆厝、大墘张氏祖厝等古厝20余座，保存较好，多为合院式大厝。其中以典利厝为代表，建筑形制大气恢宏，构建了非对称式“一主两从，前埕后院”古厝布局。典利厝东侧另有2个民居聚落，与典利厝形成“品”字形布局。村中另有遗存石碑、石桥、将军亭等古迹多处，以及分布于吉溪边的水车米碓、蔗车、油行遗址10余处。村落形态完整，民居形制丰富。

后垅村是“中国肝胆外科之父”、国家最高科学技术奖获得者吴孟超院士的故乡。村内新建吴孟超院士馆以弘扬其科研精神，传承地域文化。

后垅村先后被评为市县两级“美丽乡村建设示范村”、“省级乡村振兴示范点”、“福建省金牌旅游村”、“福州精品旅游十大示范点”等。2015年11月，后垅村入选第一批省级传统村落名录；2023年3月，入选第六批中国传统村落名录。

后垅村中景鸟瞰

后垅村大墘张氏祖厝一

后垅村大墘张氏祖厝二

后垅村吴孟超院士馆

后垅村聚落中景鸟瞰

际上村村落远景鸟瞰

云龙乡际上村

际上村旧称“漈上”，地处闽清县云龙乡南部，平均海拔约 243 米，东临桥东柿兜、竹柄村，南连鼓舞村，西接际下村佳垄里，北靠官庄村，下辖洋头、洋中、洋前、洋尾巴、旗仑仙 5 个自然村，村域面积 6.77 平方千米。后唐天成五年（930）陈氏先祖从省南大义（今闽侯县青口镇）迁居际上。全村有 1300 余人。

村落坐落于凤凰山与钟湖山环抱形成的葫芦状盆地之中，中央为平坦农田，雌雄溪经盆地成东西走向过境，将村落划分为南北两个组团。古民居主要集中在雌雄溪北侧，沿山麓东西带状分布，背山面田，临水而居。雌雄溪南侧建筑呈散落状，与农田相映成趣。村中建筑多为一进合院式单层建筑，类型包括了祠堂、古厝、寺庙、亭台等。

村中现存有价值古建筑 6 处（花花厝、蒋氏宗祠、石梁桥、六板桥和李氏支祠、洋头火墙厝）、石刻石碑 5 处、历史遗址 1 处。村口位于村西北侧，现存古迹较为集中，际上“起傅岩”题刻、“贤良陂”石刻、“龙首岗”遗址、石梁桥等均集中位于此村片。村口的际上石梁桥长 35 米，宽 3.4 米，为两台两墩等跨石构平板桥，桥墩青石条干砌，整体古朴雄浑，横架在溪水之上，为闽清迄今发现的规模最大、遗存最完整的宋代石构梁桥。

际上村人文底蕴深厚、英才辈出，宋代出自际上的进士多达 31 位，是北宋著名理学家陈祥道、中国古代礼乐名士陈旸故里，同时也是“二陈”礼乐文化的重要溯源地。

2020 年 3 月，际上村入选第三批省级传统村落名录。

际上村垂直鸟瞰

际上村际上石梁桥近景

际上村村落中景鸟瞰

际上村民居中景鸟瞰

际上村民居环境

际上村村落街巷

“贤良陂”遗址

梅邑陈氏家祠“十八学士先兆”碑

1154 年南宋状元爱国词人张孝祥题写“起傅岩”石刻

阮祥道题书“龙首岗”石刻

三溪乡山墩村

山墩村地处闽清县三溪乡东南部，平均海拔约 560 米，东连洋坊村、上洋村，北接鼓舞村，西邻前坪村，南与永泰县白云乡大坪村接壤。下辖前洋、里洋、墓架 3 个自然村，村域面积约 4.09 平方千米，有许、张、吴、刘、林五姓，许姓居多。明末，许氏先祖许孝曾由坂东文定村迁居洋楼下埕，繁衍至今 300 余年。全村有 700 多人。

朱熹题刻“八闽岳祖”的白岩山坐落于村境，白岩山景区面积千余亩，最高峰玳瑁顶海拔 1237.2 米。从聚落形态来看，村落的建筑布局基本是坐西朝东，与东边玳瑁峰山势形成呼应。村庄内部水系蜿蜒曲折，入口处保留有一大片的风水林，古树成群。聚落中心皆设大小不一的风水池塘，形成了依山傍水、诸山聚绕、生气聚合的聚落格局，人居环境优越，风水考究。村庄建筑成簇群分布，建筑依托山体、水系、农田自由分布于山谷平坦区域，为典型的山地型聚落。村庄建筑多为土木结构，建筑外墙为夯土结构，内墙为木质结构。建筑屋面均为板瓦坡屋顶，古朴清幽。古民居 30 余座，保存比较完好的有建砥古寨、许氏祖厝、白岩寺、七星桥等，涵盖了古厝、寨堡、寺庙、小品建筑等，留存类型多样。

在人文方面，山墩村南拳文化历史悠久，南拳金狮法被列入县级非物质文化遗产。山墩村是蕴藏着多元历史要素、浓厚人文底蕴的聚落。

2019 年 3 月，山墩村入选国家森林乡村名单；2020 年 3 月，山墩村入选第三批省级传统村落名录。

山墩村村落远景鸟瞰

山墩村垂直鸟瞰

山墩村人居环境

山墩村村落近景

山墩村白岩寺近景局部

三溪乡宝溪村

宝溪村位于闽清县三溪乡东南部，东面与闽侯县鸿尾乡里头村相邻，北与云龙乡竹柄村交界，南连洋坊村，西通鼓舞村。村域面积6.78平方千米，下辖凤中、洋中、牛坪3个自然村。全村有郑、林、章三姓。明弘治年间，宝溪郑氏先祖由闽侯洪山乡迁居宝溪。2019年，全村共有260户753人。

宝溪村早在明朝时期出产矿石，旧时挖出的矿石在村中小溪淘洗，小溪得名“宝溪”，村落故名“宝溪村”。从聚落形态来看，村落选址山间东西河谷盆地，背山面田，青山环抱，梯田遍布。村中主要形成了宝溪、银楼、牛坪、凤贵、水牛涸等几个居民聚落。宅后风水林古树成片，宅前前埕开阔，或伴池塘，或围农田、建筑朝向体现出明显向水面田特征，朝南、朝东、朝北均有，格局完整，山环田绕。古民居成组成簇布置，皆为夯土木构，平面类型上主厝多为一进合院式布局，周边民居以主厝为中心环绕或“一”字排开。保存比较完好的传统建筑主要有祖厝、宗祠、寺庙10多座，包括宝溪境、郑家古厝、郑家里厝、郑氏宗祠、牛坪古厝、大王宫等，建筑屋面多为悬山双坡板瓦，低矮平缓，建筑风貌古朴统一。

宝溪村现有遗迹10余处。位于村口的惜字炉，青砖墙体，青瓦覆顶，小巧雅致，是古代人们尊重知识、珍惜文字的载体，有一定的历史价值和艺术价值，为该村最重要的公共建筑。

2020年3月，宝溪村入选第三批省级传统村落名录。

宝溪村远景鸟瞰

宝溪村郑家祖厝一

宝溪村郑家祖厝二

宝溪村大王宫

宝溪村村落近景局部组图

东洋村村落远景鸟瞰

池园镇东洋村

东洋村旧称东山，清代属尤溪十九都，1955 年划归闽清。地处闽清西南部与尤溪县交界处，平均海拔 759.5 米，西邻尤溪县汤川乡及本镇叶洋村，南连上莲乡樟里村，北接金沙镇云际村，下辖东洋、牛角湾、后门墘、后洄、湄头、草洋 6 个自然村。村中以张姓为主，明正德二年（1507），张氏先祖由尤溪县汤川乡（二十都）腾峰迁入。2019 年，全村共有 242 户 1023 人。

东洋村四面群山环抱，以炮台山燕窝湾—洋面田—后岵山为南北向纵轴，以桐菇林和仙亭为两翼，藏风聚气，形成山谷盆地的村落格局。村落两侧重峦叠嶂，富有层次和空间深度。起伏的朝山，蜿蜒流淌的庐平溪富于动态美。村落依照风水观念，田宅相间，将自然环境（包括耕地）巧妙地融入聚落内部，构建形成独特的人居环境。

村中现存建筑以三合院和四合院为主，保存较好的古民居包括德福厝、罗厝头、积德厝，建筑规模均不大，但构建的整体聚落形态统一又灵动，收放自如且错落有致。除了民居建筑，还有规模较大的张氏祠堂。因村中信仰祭祀建筑多样，也建有仙娘庙、张圣君庙等各式境庙。尤其值得一提的是位于村口始建于明代的广泽王庙、东山境两座境庙，二者并排而立，屋顶翘角飞檐，墙身古朴，窗栅精致，建筑与环境高度融合，别具一格。

2020 年 3 月，东洋村入选第三批省级传统村落名录。

东洋村中景鸟瞰

东洋村人居环境一

东洋村远景鸟瞰一

东洋村民居近景

东洋村村落街道

东洋村张圣君庙中景

东洋村远景鸟瞰二

东洋村人居环境二

东洋村东洋石拱桥

东洋村广泽王庙

东洋村东山龛

池园镇陈厝垅村

陈厝垅村地处池园镇东南部，海拔约 639.5 米，东邻坂东镇限头村、塔庄镇南乾村，西与宝新、宝山、田地村，北与井后村，南与岭头村毗邻。下辖陈厝垅、岩际头、大坪洋、文垅、可墘、尾洋、大湾 7 个自然村，村域面积约为 8.2 平方千米。明建文年间，先后有多姓氏迁入，现有陈、刘、林、黄、李五姓，其中以陈姓居多。2019 年，全村共有 267 户 1600 多人。

陈厝垅村位于柯洋。村内尾洋自然村虎朝仑海拔 771.3 米，为柯洋境内最高峰，也是“都里第一峰”。站在柯峰顶，一眼看三县（永泰、闽清、尤溪），可平视莲花峰、白岩山、柯洋仙及永泰名山室，一山跨六镇（池园、上莲、白中、坂东、塔庄、省璜），素有“三十六洋，七十二仑”之称，是垅相接、洋相通、山相连的高山丘陵村落。

从聚落形态上看，村庄山地起伏，十余个民居聚落随着丘陵地貌在各处散落，恰似玉盘落珠，星罗棋布。风水林与聚落相互依存，宅前田地与水系互相串接，建筑点缀其中，相映成趣。

村庄主要建筑多选择建在明堂开阔之处，类型上包括合院式大厝，传统民居、堡寨、宗祠等，布局呈现多种平面形态，建筑规模均不大，形态质朴大方。村内目前保存较为完好的古民居有 20 余座，传统风貌建筑 6 处，分别为福斗厝、下故厝、榛华厝、松华厝、陈厝垅村文垅 21 号、陈厝垅村陈厝垅 79 号。

陈厝垅村是当年农业学大寨运动的全省试点村。2020 年 3 月，陈厝垅村被列入第三批省级传统村落名录。

陈厝垅村远景鸟瞰

陈厝垅村松华厝航拍平面

陈厝垅村民居侧面鸟瞰

陈厝垅村松华厝正面鸟瞰

池园镇丽山村

丽山村位于池园镇西北部，海拔 118.5 米，距镇政府 1 千米，东隔芝溪与隔兜村相望，南邻丽星村、池园村，西邻九斗村，北邻顶坑村，有店头坪、祠堂里、对面山、潘峰垅、尾头前 5 个自然村。全村面积 2.96 平方千米，常住人口 388 户 1480 人，几百年来的瓷业兴盛吸引外地产业移民迁入，村里常住的就有黄、刘、谢、吴等 20 多个姓氏。

丽山村古属十五都，自然环境优美，芝山、虾山两山相望，芝溪、九斗溪傍村北行，丽山头历史上的店头坪街、廊相接，水圳穿行，是望山见水有乡愁的宜居宜业美丽乡村。村内传统建筑遗存丰富，现存虎丘黄氏清利厝、长利厝、寨顶、刘氏祠堂、阿冬厝、谢氏宜成厝等 6 栋历史建筑，以及文国厝、吴厝里、文兰厝、梁厝里、老虎厝、玉堂厝、舒良厝、安雅厝、尹厝等共 15 栋百年古厝，许多古厝历史都和瓷业关联。村教育资源优越，一村集中拥有瓷都幼儿园、丽山小学、闽清第三中学等，惠及周边众多村镇。

丽山村产业底蕴深厚，系闽清陶瓷发祥地。第一个地方国营闽清瓷厂（即闽清第二瓷厂前身）和丽山联合瓷厂坐落该村，民国时期东山厂等依山就势建造的龙窑、临水的水碓遗迹尚存。2007 年闽清池园陶瓷传统手工制作技艺列入省级非物质文化遗产。王公宫内的梅瓷纪念馆有陶瓷传统手工制作技艺、不同品类历代日用瓷，以及开福建电瓷先河的电瓷产品的展示。

丽山村信俗文化多元。村东芝溪历史上的鼠船码头西侧有昭显侯将军庙和白马王庙，村北寨顶北侧有卢公殿，村西南有供奉陶瓷行业保护神和地方守护神三山国王的王公宫。每年农历三月三王公宫补库日、五月十六拜祀日和七月初一答谢回请日是村中独特的传统节日。1992 年，王公宫被列为闽清第四批县级文物保护单位。

丽山村是闽清产业型传统村落的典型代表。

丽山村远景鸟瞰

丽山村寨顶近景局部

丽山村宜成厝鸟瞰

丽山村昭显侯、白马王庙近景

丽山村刘氏祠堂近景鸟瞰

丽山村老虎厝近景鸟瞰

丽山村王公宫近景

上丰村远景鸟瞰一

上莲乡上丰村

上丰村旧称“峰洋”，位于上莲乡东南部，南与永泰县交界，北面与下丰相接，东面与省璜镇谷洋村相邻，海拔约860米，下辖林洋、红山嵛、洋中、振头洋、水尾、厝后6个自然村。村域面积6.96平方千米，全村均为池姓，明洪武年间，池氏先祖由尤溪邹宦北坑迁入上丰，至今已有600多年。2019年，全村共有358户1407人。

上丰村所在的莲花山，主峰高耸入云，四周小山峰高低错落地围着主峰，远看犹如一朵盛开的莲花。莲花山余脉由西北向东南延伸，形似卧牛，将上丰主村落分为东、西两个带状聚落；山麓之南地势相对平缓开阔，林洋溪由西向东蜿蜒而来，形成连片良田；村口位于西南，处于两座比邻小山丘之间，山丘形态如同“日”“月”把门，周边山体重峦叠嶂富有层次。有歌谣形容：“身坐眠牛地，面朝莲花峰；日月在把口，吉水西南来。”

从聚落形态上看，上丰村东、西聚落各自依山形就势构建，民居建筑沿地形变化，呈指状、分散式向外延伸布局。西片民居分布较为密集，远景空间更为开阔，宗祠、寺庙、大厝、村民广场均设此处，典型传统建筑包括了菜篮前厝、新厝、水圳里厝、燕窝形厝、文昌阁、池氏宗祠、下厝、舀米厝等。全村重要宗祠建筑池氏宗祠、文昌阁在此毗邻而建，位于全村中心。东片民居则比较分散，主体大厝形态较为突出，典型传统建筑包括孔仁厝、孔华厝及大王后厝。与其他村相比，上丰村与相邻的永泰有更多共同的建筑特征。

在人文方面，上丰村历史悠久，传统文化习俗丰富。每年元宵节期间，全村老少在大王宫举行盛大的迎神、游神、祈福活动，体现村民对吉顺平安、五谷丰登美好愿景的向往。

2020年3月，上丰村入选第三批省级传统村落名录。

上丰村垂直鸟瞰

上丰村孔华厝远景

上丰村远景鸟瞰二

上丰村人居环境一

上丰村民居近景局部

上丰村条鼻厝鸟瞰

上丰村新厝近景

上丰村人居环境二

上丰村文昌阁近景

上丰村民居

洋边村垂直鸟瞰

洋边村民居屋顶近景局部

洋边村民居错落布局

下祝乡洋边村

洋边村旧称“洋溪村”，地处下祝乡西北部，东邻三洋村、渡塘村，西界汶洋村、源溪村，最高海拔1100米，村域面积2.8平方千米，下辖上洋边、雪洋、杉柏垄3个自然村。全村均为曾姓，明嘉靖年间，曾姓先祖由江西迁居洋边。2019年，全村共有255户1050人。

洋边村坐落于双胞峰南麓，周边山峦起伏，终年云雾缭绕。因村上有洋，洋面很长，故而取名“洋边”。村落依地形走向分为上洋和下洋两个聚落。其中，上洋在北，靠依杉柏垄，左右山形均衡，村前空间开阔，水田丰茂，溪水由南往北蜿蜒延伸。水口位于东北处，尚存汉闽越王庙与水系相互呼应，山环水绕，藏风聚气。下洋位于上洋南侧约200米处，整体布局背山面水，朝向东南，传统民居的总体气势和规模均弱于上洋聚落。

全村最具特点和最能表现风貌特色的当数上洋聚落。这里建筑组群依山而建，依照等高线分为4个台地，每个台地5—8栋民居，共计30余栋，如梯田般层层抬升，层次丰富，气势不凡。单体建筑多为三合院，多个联排布置，夯土外墙、粗犷高大、形态突出；屋面多双坡悬山，两侧马鞍墙多级跌落，富有山地建筑的动感和韵律。建筑屋面上覆黑瓦，少见青砖青瓦，与夯土外墙整体协调统一。与闽清平原地区的传统建筑相比，这里呈现出较为差异化的二层楼居模式，体量高大，形态与材质更为自然质朴。

2015年11月，洋边村入选第一批省级传统村落名录。

洋边村远景鸟瞰

洋边村人居环境

洋边村中景鸟瞰

洋边村民居错落布局组图

后岭村远景鸟瞰

下祝乡后岭村

后岭村地处闽清县西北部、下祝乡南部，东与闽侯县廷坪乡罗桥村毗邻，北邻下祝村、洋尾村，西南邻翁山头村，南邻罗山村，下辖后岭、芒州、堡下场 3 个自然村，村域面积 2.5 平方千米。全村皆为姚姓，宋朝伊始，就有先民在后岭开垦定居，明朝成化年间，姚氏先祖姚来梓由浙入闽迁居于此。2019 年，全村共有 323 户 1883 人。

村落四面环山，重峦叠嶂，左右大致分列两组山脉，形成南北两个山口。西浦溪从山口穿境而来，溪水在盆地中央蜿蜒转折，形成一片平坦宽阔的农田，沿山脚两侧零星分布东、西带状建筑聚落，建筑组团呈行列环抱，依山而建、傍水而立，呈“一”字临河型聚落形态。

村中保存比较完好的传统建筑有姚氏祖厝、后岭剧场、张圣君庙（上佛殿）、狮公庙（中佛殿）、大王庙（下佛殿）、四斗邱（木水厝），类型涵盖了古厝、民居、寺庙等。西侧聚落中，后岭 105—109 号民居，单体规模形制一致，均为一进三合院，形成联排聚落，沿路贴临，完整连续。东侧聚落中姚氏祖厝，后岭剧场，后岭 102、103 号同样多组联排。西侧聚落与东侧聚落相互呼应，形成村口完整风貌。村中保存较好的古民居有 33 座，公共场所均设在东侧。姚氏祖厝坐东朝西，始建于明弘治年间，依山面溪，被称为“半月沉江”，为全村祭祖敬神的主要场所。后岭剧场原为宋元时期搭建的戏台，为供人们看戏的场所，同样是文化集会的重要场所。

自元朝开始，后岭村成为古田与闽清联系的重要一环。旧时古驿道起于闽江大安码头，经东桥乡、黄土岭、后峰、杉村、翁山头、后岭、下祝通往古田县大桥镇，目前村中尚存古驿道约 3 千米。

后岭村红色文化底蕴深厚，这里走出的姚志芳，曾组织开展闽清抗日救亡工作。

2020 年 3 月，后岭村入选第三批省级传统村落名录。

后岭村中景鸟瞰

后岭村民居建筑群

后岭村民居近景

后洋村远景鸟瞰

桔林乡后洋村

后洋村位于桔林乡北部，与古田县毗邻，东南与高洋村相接，西南邻伴岭村，平均海拔 280 米，下辖刘厝里、前洋、后洋、洋尾垅、桃源顶、溪头、新义 7 个自然村，村域面积 11.5 平方千米，现有刘、张、林、黄、陈等姓氏，其中张姓居多。2019 年，全村共有 330 户 1280 人。

后洋村主村落建筑顺应各自山势而建，建筑间既相互对“势”，又相互融合，形成小聚落、多组团的村貌。尚存传统民居 20 余栋，类型包括了大厝、民居、宗祠等，其中以前面厝、下新厝、砖坪下厝 3 个古厝最为突出。三大古厝呈“品”字形布局，占地面积均为 1500 平方米左右，平面类型为两进合院布局。砖坪下厝为茶界泰斗张天福祖居，集居住和防御功能于一体。村中尚存小石梁桥、水碓桥、店下桥、拱桥、武石、旗杆石等古迹，村落形态完整古朴，各类小型民居沿山体、农田散落分布，马鞍墙起伏连续，具有山区散点聚落特征。

自然山水方面，古田溪绕后洋村而过。枯水季节，坚硬的溪床裸露呈现出第四纪冰川时期冰川遗址。溪床上或大或小、或疏或密、或深或浅的冰臼群，从空中俯瞰，千姿百态，颇为壮观。村中细柄蕈树古树群位于村落西南侧，总面积约 14000 平方米，株数 70 株，最高树龄达 210 年，于 2023 年 1 月入选福建省第二批“福建最美古树群”。

2020 年 3 月，后洋村入选第三批省级传统村落名录。

后洋村垂直鸟瞰

后洋村近景局部

后洋村民居近景局部

后洋村砖坪下厝远景鸟瞰

梅溪镇梅埔村鳌峰寨

二、寨堡庐庄

闽清县的寨堡庐庄大多建设于清代中后期，处山林之中，台地之上。该类型建筑一般由全村或同族共建，集居住和防御功能于一体。建筑整体较为内向，为了防卫，通过建筑形制与建造技艺相结合保障建筑内部居民人身安全。相对于福建其他地区的生土防御类建筑，闽清的多以“寨”“堡”“庐”“庄”命名，寨堡庐庄具备居住属性的同时拥有更多的防御功能。闽清寨堡庐庄内部多为合院式大厝，外围为加厚的堡（寨）墙。合理利用周边山形地势，于有利位置设有角（土）楼，并形象地命名为“兔耳”。从成因上推断，闽清先有居住型合院大厝，后增加防御属性，逐步升级成防御型大厝，这在冬畴寨、水井堡、岐庐等建筑中有显现。少数位于地势险要之地，堡墙高耸，跑马廊环绕，据险而居，带有土堡防御特征，比如娘寨、端礼寨。总体来说，闽清的寨堡庐主注重周边环境要素，生活、防御与居住融合得更加整体，空间中所承载的宗族精神与意识蕴含着一定的人文价值。

鳌峰寨正面鸟瞰一

梅溪镇梅埔村鳌峰寨

鳌峰寨位于梅溪镇梅埔村，地处闽江北岸，背倚巍峨的鳌峰岭，山脉从闽侯洋里蜿蜒而来，层峦叠嶂，簇拥环抱，自古有“凤凰山上飞燕窝”之美称。

鳌峰寨也称邓氏古厝，始建于清嘉庆十年（1805），寨中正厅上方至今仍悬挂“文魁”和“武魁”匾额。整个建筑占地约7000平方米，主体为三合院院落，背山面水，外设左右横厝，后座之外西北处设三层兔耳楼以加强防御，包括了门楼、寨墙、空埕、主座、后座、横厝、兔耳楼等。寨门面朝闽江，居高临下，视野通阔，寨门外的路呈“之”字形。寨门之内为露天空埕，有上下两埕，开阔大气，称作“武埕”。主座前筑厚实高大的夯土围墙，围墙基础采用闽江河石砌筑。正厝面阔八扇七间，进深八檩，院落左右侧是书院。后座为两层，上设贯通回廊。原左右横厝年久失修而坍塌，近年来，当地政府和民间机构共同对古厝进行了保护性修复，翻修修缮主座，重塑横厝，并开放部分户外空间，整体打造为民宿。

鳌峰寨现为闽清县不可移动文物登记点。

鳌峰寨航拍平面

鳌峰寨西侧兔耳楼

鳌峰寨东侧兔耳楼

鳌峰寨正面鸟瞰二

鳌峰寨门楼

鳌峰寨武埕

鳌峰寨武埕局部

鳌峰寨围墙巷道

鳌峰寨前座插屏门

鳌峰寨一进院落一

鳌峰寨一进厅堂

鳌峰寨主厝、横厝间庭院

鳌峰寨横厝、书院间庭院

鳌峰寨一进院落二

鳌峰寨一进厅堂侧走廊

鳌峰寨一进厅堂挡溅墙

鳌峰寨屋面近景局部

水井堡正面鸟瞰

梅溪镇北溪村水井堡

水井堡位于梅溪镇北溪村，建于清光绪年间，南北宽 42.1 米，东西深 42.6 米，占地约 1790 平方米。建筑主体为两进合院大厝，由前座、正座、后座、书院、右横厝构成。正面堡墙高耸，上设瞭望窗，檐口连续平整。正座面阔五间，进深七柱。后座为两层，左右已重修。主体建筑右侧建有横厝，横厝侧厅与主座两侧设有封火墙分隔周边。

水井堡现为闽清县不可移动文物登记点。

水井堡航拍平面

水井堡侧面鸟瞰

水井堡一进院落

水井堡挡溅墙近景

水井堡夯土拱门

岐庐航拍平面

岐庐前座插屏门

岐庐正立面

岐庐正面鸟瞰

坂东镇溪峰村岐庐

岐庐又名“品亨寨”，位于闽清县坂东镇溪峰村，占地面积约 4450 平方米。清咸丰年间，由里人清道光乙未科进士张鸣岐出资，其子品亨兴建。岐庐坐东朝西，为两层半土木石混构寨堡式建筑，建筑主体为两进合院，由外及里依次为倒座（回照）、下埕、正座、院落、后座等。正面外墙高大的花基以溪石砌筑，石墙高达 4.5 米。花基上部为夯土墙，高约 2.6 米，中间留环形走马道。回照设腰檐，封火墙设斜置“瓦衫”，线形飘逸自然、做工精美是其特色。建筑正面和南、北侧各开一门，以辉绿岩砌筑石头门框。建筑内部木雕精美，正厅左右官房及两侧书院木屏风上刻有《三国演义》故事人物 60 幅，栩栩如生。留存一副林则徐寄赠的对联：朗月照人如镜临水，时雨润物自叶流根。

岐庐现为闽清县不可移动文物登记点。

岐庐一进院落

岐庐寨门及回照入口

岐庐回照梁架

岐庐一进院落俯视

岐庐回照“进士”匾额

岐庐厅堂院落

岐庐回照二层透窗

岐庐后座二层美人靠

岐庐防御观察窗

岐庐二进院落

岐庐后座二层灰塑组图“龙光”“豹变”“太平（瓶）有象”

岐庐后座二层花厅

岐庐后座二层花厅木梁架

娘寨航拍平面

省璜镇良寨村娘寨

娘寨位于省璜镇良寨村中部，清顺治十七年（1660）由女士主持兴建，后代遂将其取名为“娘寨”。娘寨占地面积 3250 平方米，建筑面积约 7700 平方米，有 108 间房，集居住生活和防御功能于一体，气势恢宏。

娘寨平面呈马蹄形，总体由里外两部分建筑组成，外围以溪石为基，上筑夯土墙，形成围合式布局。屋面为双坡顶、鹊尾脊。寨墙后部两角为圆弧形，墙高 8 米，寨基高 6.3 米，用大溪石砌成，寨墙上设有瞭望窗，窗下设有射击孔。二楼跑马廊环寨一周。内部为三合院大厝布局，设有前后门厅和 96 间房，正座前后左右各有甬道、过水亭与横厝相通，横厝与寨墙及跑马廊相邻，具有储藏和生活功能。

建筑整体显得淳朴稳重，具有闽清清代民居的特征，它是研究闽清县传统建筑技艺较好的实例。俯瞰整座寨堡，居于土台高地，防御之姿可将周边环境尽收眼底。过往宗族众人共同防卫的记忆也流淌在整座寨堡之中。

娘寨也是革命旧址，1947 年秋至 1948 年春，为了反抗国民党反动派统治，游击队 30 多人驻娘寨 7 个多月展开革命斗争。

娘寨现为县级文物保护单位，2024 年 4 月入选福州市古厝研究会第一届古厝活化利用优秀案例。

娘寨背面远景鸟瞰

娘寨侧面鸟瞰

娘寨寨门、溪石墙基组图

娘寨侧立面

娘寨屋顶近景局部一

娘寨屋顶近景局部二

娘寨一进院落

娘寨厅堂院落

娘寨正面鸟瞰

娘寨一进院落俯视

娘寨回廊组图一

娘寨漏斗形观察窗

娘寨回廊组图二

冬畴寨航拍平面

塔庄镇坪街村冬畴寨

冬畴寨位于塔庄镇坪街村。清嘉庆年间，乡人郑梅英女士主持兴建大厝，因尊重其夫黄国闪，将它命名为“闪庐”，后到其长子黄冬畴时期，又称作“冬畴寨”。冬畴寨背靠玉台山，面朝沃野，占地面积约 2650 平方米，建筑面积约 5300 平方米，是闽清典型的寨堡类建筑。

冬畴寨设有大小房间和厅堂 106 间，整体布局为主体两进合院外设横厝，中轴由北往南依次是：回照、天井、正座、后天井、后座，东西两侧设横厝，在东南角设置兔耳楼。外墙花基以方块青石菱状垒砌而成，材料肌理美观，质地坚固牢靠。寨门门洞以青石精工雕琢，错缝垒砌。花基之上为夯土筑就，土墙的内侧设走马道，贯通全寨。正座厅堂开阔深远，木雕、石雕、垂花、挡溅墙精细，带腰檐的二层回照特色鲜明。尤其值得一提的是，建筑正座两侧封火墙高耸，“挂瓦衫”饰面，飞檐翘角，气度不凡，墙帽挂瓦精细，螭头彩绘泥塑精美，建造品质优良。

冬畴寨现为县级文物保护单位。

冬畴寨正立面

冬畴寨正面鸟瞰

冬畴寨立面

冬畴寨青石寨门

冬畴寨厅堂院落

冬畴寨厅堂书院

冬畴寨一进院落

冬畴寨厅堂及官房

冬晴寨回照厅堂

冬晴寨正座厅堂

冬睛寨一进院回照二楼俯视

冬睛寨横厝回廊

冬睛寨后院一

冬畴寨后座二层挡溅墙

冬畴寨后院二

冬畴寨回廊、拱门

冬畴寨厅堂太师壁木雕饰

冬畴寨木雕窗花组图

冬畴寨木雕构件组图

冬畴寨屋顶局部鸟瞰

冬畴寨屋面装饰组图一

冬畴寨屋面装饰组图二

冬畴寨漏斗形射击口

冬晴寨厅堂垂花与挡溅墙

端礼寨正面鸟瞰

池园镇东前村端礼寨

端礼寨位于池园镇东前村北部，立于半山台地，周边绿树环绕，单栋建筑位于主村落之外，始建于清晚期，占地面积约 3000 平方米，建筑面积约 5000 平方米。

端礼寨整体为内外双围合院堡寨式布局模式。外围为四周通达的两层围合建筑，包括罩房、横厝、后座。内部为三合院主体建筑，包括正座、书院、天井。内外两层布局层次分明，体系分开，外围以仓储、厨房、辅助居住空间为主，内部以礼仪、居住、书院空间为主。寨墙厚实高耸，石基高达 5 米，墙体最厚处达 2 米多，主座与横厝之间设高耸的马鞍形封火墙，通过过水廊相连，墙上设外小内大漏斗形的窗户，增强了建筑的防御性。

整个建筑中心为正座、书院、天井组成的三合院院落。院落前设正门，内外有别，院落疏朗，两层楼高，规模宏大。正座以穿斗式木构架承重，厅堂空间大气、敞亮简洁。正座前檐卷棚轩梁架圆作卷棚，插梁两端做鱼尾叉。轩顶梁架、卷书弯枋、雀替、小斗、隔扇等部位则施以精美雕刻，繁简结合。装饰和细作上，铺地、柱础等石作也十分讲究，封火墙做“挂瓦衫”，山水头、壶门等部位灰塑精美。

端礼寨航拍平面

端礼寨寨门

端礼寨侧面鸟瞰

端礼寨大门

端礼寨前院马鞍形封火墙组图

端礼寨前院马鞍形封火墙局部

端礼寨后院

端礼寨二进院落

端礼寨正座、书院

端礼寨前院过雨亭

端礼寨厅堂木梁架

端礼寨正座厅堂

端礼寨书院院落

端礼寨厅堂院落

梅溪镇桥东村谢氏祖厝

三、传统民居

闽清传统民居从时间轴来看，从明代到清代，再到民国时期，主要有三个阶段的风格特色。

首先，现存明代民居较少且规模较小，总体布局由正座、书院（厢房）、后座厨房等配套用房组成，外形多做“凤凰展翅”状。这个时期的建筑以木构为主，土石辅之，规模不大，房屋较矮，常见三至五开间，风格简朴，少见繁缛的雕刻和彩绘。其次，保存较好且规模较大的闽清民居多为清代民居。与明代的相比，清代建筑的变化主要在建筑体量和小木作上，这个时期的房间开间少则六扇五间，多则十扇九间，建筑高度有明显的增加，出现了许多防御性构筑形式，如封火墙、兔耳楼、夯土外墙、跑马廊等，防御功能与传统民居生活起居相融合。最后，民国时期的民居建筑，多延续清代做法，建筑装饰有所简化。还有些建筑由于受到海内外文化和技艺的影响，融入

了青砖立柱、拱券、百叶窗等西洋元素。

传统上闽清按“都”划分地域。以闽江为界限，闽江南岸顺时针沿着梅溪、芝溪大致分布“一都至十七都”，闽江北岸分布“十九都至二十四都”。各都之间山川不一，传统建筑特点也有所不同。闽江以南的传统民居与闽江以北的相比，建筑色彩更加雅致，规模相对更大，空间相对舒展，造型更加灵动。闽江以北民居则相对原生、质朴、厚重，体现了闽清传统建筑的多样性。依据这样的地域分区原则，以“都”来分类介绍传统民居，力图从传统建筑的角度与读者一起跨越时间的维度，领略各都的建筑文化、建造魅力及人文风情。

谢氏祖厝建筑群侧面鸟瞰

一都传统民居

梅溪镇桥东村谢氏祖厝

谢氏祖厝建筑群位于梅溪镇桥东村，建筑群占地面积 3952 平方米，始建于清。由谢氏祠堂、可扬公后厝、可扬公前厝、道典公大厝组成，依山就势由高到低逐级沿轴线布局，是典型的山地传统民居群落。

建筑群背靠大湖仙山，视野通阔，极目远眺可见山下村落，整体布局坐东南朝西北，沿中轴线自上而下依地势逐级分布。厝与厝之间由露埕相隔，由阶梯相连，空间格局错落有致。

谢氏祠堂为一进合院式布局，入口门墙为青砖马鞍墙形式，设门罩，院落周边三面回廊；正座面阔三间，设神龛供祭祖，为建筑核心。

可扬公祖厝为两进合院一左横厝式布局，前落损毁，后落完整。后院落左右书院各两间，正座

谢氏祖厝建筑群航拍平面

道典公大厝门楼

谢氏祖厝建筑群正面鸟瞰

面阔七间，进深七柱，前出游廊，左横厝为二层半建筑；正座和书院外山墙各设马鞍形封火墙，线条起伏流畅，正座屋面正脊燕尾脊。

道典公大厝为一进合院一右横厝布局。大门入口高差较大，与乱毛石花基及地形相结合，夯土墙上的出挑檐口通过翼角出翘更显独特的整体气势。前座为回照及门厅，书院左右各三间，正座面阔五间，进深七柱，前出游廊，右横厝高二层半。正座屋面燕尾脊，两侧夹马鞍形封火墙，封火墙外与山地高差相呼应的披檐和错动体量处理自然而生动。

建筑群充分体现闽清地方传统建造技艺，山墙多为毛石花基，夯土墙身，马鞍形封火山墙头作灰瓦“挂瓦衫”，两侧高升，与左右书院屋顶形成层叠的屋面形式，形态优美。整体布局和空间结合用地条件和地形高差，获得较好的采光和对外景观视线。

谢氏祖厝建筑群现为县级历史建筑。

谢氏祖厝建筑群侧面俯瞰

可扬公祖厝侧面俯瞰

道典公大厝侧面俯瞰

可扬公祖厝厅堂院落

炉边厝正面鸟瞰

梅溪镇樟洋村炉边厝

炉边厝位于梅溪镇樟洋村，又名“炉边寨”，分为下寨和上寨。下寨始建于清乾隆年间（1736—1795），上寨始建于清道光年间（1821—1850）。炉边厝是合院与寨堡相结合的建筑，曾居林姓族人约11代，人丁兴旺，明贤辈出，富甲一方。

炉边厝坐东南朝西北，背靠青山，面揽田野溪流，厝前水口较密，称为“食山乾向水流乾，乾上高峰出人贤”之风水。炉边厝依地势高低分上、下两寨，相隔40多米错开布局。

下寨总体呈不对称布局，由门埕、正座、右横厝及右外横厝构成。门埕入口朝北，门埕设矮墙，左右置一对旗杆碣。建筑入口云墙设虎头门，正座面阔七间，进深九柱，前出游廊，燕尾正脊，封

火墙外设层叠的悬山披檐屋顶。下寨回廊、层架、斗栱、雀替、窗棂、柱础等雕饰四时果蔬及海蛏、毛蟹等水产物象，主题独特。

上寨为两进，由前座、正座、左右横厝构成。建筑正面曲线云墙和横厝封火墙结合，夯土墙设自然的毛石花基，中轴入口青石框大门，前后设三重板门，两侧于横厝和书院的共享庭院对称设边门。一进入口设插屏门及回廊，两侧一层书院各三间，两层正座高敞，面阔六扇五间，进深七柱，正座左右设横厝，左右横厝各设四堵封火墙，建筑的整体屋面形态丰富。

炉边厝现为闽清县不可移动文物登记点。

炉边厝航拍平面

炉边厝书院宝瓶门

炉边厝一进厅堂院落

炉边厝一进院落

炉边厝一进厅堂、书院

炉边厝屋面俯瞰

炉边厝二进院落一

炉边厝二进院落环廊

炉边厝横厝间巷道

炉边厝二进院落二

梅溪镇钟石村许显时故居

许显时故居位于梅溪镇钟石村，全厝占地面积约 1181 平方米，始建于清。建筑坐东北朝西南，坐落在钟石村东北面里洋山，农田水塘边的台地之上，门楼朝西北，门前路径结合地形分级曲折，临水而行。建筑由门楼、书院、主厝、横厝等构成，院落上下两个标高，以适应地形。正座在石砌花基高台之上，面阔八扇七间，进深五柱，悬山屋顶燕尾脊，山墙层叠披檐造型丰富。正座左右书院各两间，外建横厝，东北角突出建筑群设三层兔耳楼。东南侧后期建设横厝为两层结构，以过雨亭相连。

古厝故主许显时，字成谋，报国为民。自辛亥革命参加北伐，历任军职，后任福建省建设厅厅长、甘肃省建设厅厅长等职，在家乡推动教育发展，在西北兴修路桥基建。中华人民共和国成立后历任福州市副市长、福州市政协副主席、福建省政协副主席等职。

许显时故居现为闽清县不可移动文物登记点。

许显时故居航拍平面

许显时故居正面鸟瞰

许显时故居门楼正立面

许显时故居侧面远景鸟瞰

许显时故居厅堂院落

二都传统民居

云龙乡后垅村典利厝

典利厝又名“本典厝”，位于闽清县云龙乡后垅村。全厝占地面积 2150 平方米，建于清同治七年（1868）。

建筑坐东朝西，背枕大湖山，面朝吉溪，厝前沃野，门前一方池塘，建筑由正厝、右横厝构成。正厝根据地势分为高低两埕，第一埕入口设插屏门，三面回廊；第二埕地坪高出，两侧各 2 间书院，正面正厝面阔六扇五间，进深七柱，两侧夹筑封火墙，正厝的背面及侧面三面以两层回廊贯通。

右横厝两层，相对独立于主厝，东西两端四扇三间设横厝厅堂，中间为南北前后贯通的并列式组合布局，通过两层四面贯通回廊将这些空间联系。右横厝既通过风雨廊与主厝联系，也在建筑的西立面设独立的入口。西入口设插屏门，一方私密合院空间，一层三面回廊，正面二层横厝四扇三间端头，一层设厅堂与庭院融合，二层设花厅，美人靠和卷棚、木雕装饰形成了眺望远山的框景。横厝端头悬山屋顶，层叠的披檐造型生动。横厝北侧及东侧局部，贴院墙结合地形高差设置了一、二层的独立廊道，结合院墙上的观察窗，既提高了建筑的防卫功能，也可成为欣赏建筑空间及造型，并与之互动的绝佳休憩空间。

典利厝现为县级文物保护单位。

典利厝正面鸟瞰

典利厝航拍平面

典利厝后院　典利厝后院跑马廊

典利厝背面鸟瞰

典利厝门罩入口

典利厝正厝、横厝间厝巷

典利厝正立面局部　典利厝半月塘

典利厝侧面鸟瞰

典利厝主厝“凤凰展翅”悬山顶

典利厝右横厝“凤凰展翅”悬山顶

典利厝主厝厅堂院落组图

典利厝前座插屏门与院落

典利厝木梁架及雕饰组图

典利厝右横厝厅堂院落

典利厝右横厝二层花厅组图

云龙乡台鼎村福泰厝

福泰厝位于云龙乡台鼎村，全厝占地面积约 1591 平方米。建筑坐西北朝东南，由云墙、门廊、前院、左右书院、正座、后座组成。正座面阔八扇七间，进深七柱，穿斗木构减柱造，悬山屋顶，左右书院一层，各三直，进深二间，高低书院间设封火墙并通过拱形门洞连通；正座后隔后院设后座。建筑正面两侧为马头型云墙，中间为带门罩的入口，左右对称，呈现向中心大门迭落之姿，富有韵律节奏之美感，造型灵动，是闽清传统建筑云墙的代表。

福泰厝现为闽清县不可移动文物登记点。

福泰厝正面鸟瞰

福泰厝航拍平面

福泰厝封火墙

福泰厝厅堂院落

福泰厝书院院落

谢厝里局部鸟瞰

谢厝里夯土墙门罩入口

谢厝里夯土墙拱门

云龙乡台埔村谢厝里

谢厝里位于云龙乡台埔村，全厝占地面积约 2297 平方米。建筑坐南朝北，面揽阔野，左右舒展，建筑正面连续流畅的云墙、条石花基夯土墙与背景建筑和群山呼应，质朴壮观。建筑由云墙、回廊、插屏门、前院、左右书院、正座构成。正面设门罩入口，两侧设夯土拱券门，正座面阔五间，进深九柱，雀尾正脊，双坡顶，左右书院各四直。横厝两层，西南角和东南角各建一兔耳楼。建筑整体风貌简洁有力，高大飘逸的封火墙和山墙披檐夹层回廊处理富有特色，是闽清云墙、封火墙的特色实例。

谢厝里现为闽清县不可移动文物登记点。

谢厝里正立面

谢厝里侧面鸟瞰

谢厝里院落

谢厝里厅堂院落

谢厝里环廊组图

谢厝里封火墙局部

谢厝里云墙局部

云龙乡官庄村下邓祖厝

下邓祖厝位于云龙乡官庄村，全厝占地面积约1451平方米。建筑坐东朝西，门楼正前方坐落一方月池，面揽秀丽的鲤鱼山。建筑由门楼、前院、左右书院、正座、横厝组成，由西南角门楼进入前院，门楼面阔一间，进深三柱。前院分两埕，埕地宽阔。正座面阔七间，进深五柱。正座外隔院建横厝，以过雨亭相连。屋顶形式为独特的“凤凰展翅”式悬山顶，形态舒展飘逸。

下邓祖厝现为闽清县不可移动文物登记点。

下邓祖厝“凤凰展翅”悬山顶

下邓祖厝侧面鸟瞰

下邓祖厝前埕

下邓祖厝局部鸟瞰

下邓祖厝横厝院落

三、四、六都传统民居

坂东镇新壶村宏琳厝

宏琳厝又名“新壶里”，位于闽清县坂东镇新壶村。全厝占地面积 17800 平方米，由始祖虎丘黄氏一叶三十四世黄作宾始建于清乾隆六十年（1795），历时 28 年至其子宏琳建成，是目前华东地区规模最大、保存最好的民居建筑之一，具有“中国最大的单体古民居建筑”之美誉。

宏琳厝背靠柯洋仙峰，坐西南朝东北，梅溪上游的演溪在这里打了个深湾，民间地理上视为“玉带”，宏琳厝就建在湾内，被玉带环抱，形似玉带环腰。门前远望从近到远是由低到高的五重山脊，被称为“五重案”。“门迎五重案，前有玉带环”，古时这里被认为是一处风水宝地。宏琳厝共有大小厅堂 35 间、天井 30 个、花圃 25 个、大门 13 扇、水井 4 口、房间 666 间，正厅面阔七间，进深八楹，布局完整、规模宏大、层次丰富、装饰精美。

宏琳厝空间最精彩的部分是纵向中轴线上的三进院落，以中轴线为基点，正厝、横厝、外横厝纵横交错，大堂小厅主次分明，廊弄走道串联，每进门墙均为封闭式，相对独立，各自贯通，每进之间设横街。由前埕过虎头门入古厝，正落第一进门内庭三面回廊带两边院（私塾）。第一进是全厝序厅，正座八扇七间为明三暗七布局，与封火墙间设火墙弄，后部设楼梯。第二进为正厅，八扇七间另设火墙弄，正官房出游廊，设半高隔扇门，为收租记账场所。第三进为全厝的核心，为主厅，空间尺度、建筑等级全厝最高。主厝举架举折有致，主厅双层通高，用材硕大，木梁架雕饰、卷棚、灯托、斗栱、雀替装饰极为精美，龛眉上方匾额“紫薇銮驾”之上为清咸丰御赐三道圣旨，昭示了屋主显赫的家世和古厝辉煌的历史。

古厝主进院落外的横厝空间也颇为精彩，极具规模。从主进院落往两侧延展，包括横厝、外横厝，横厝空间同主落空间同步铺陈叙事，形成了古厝第二层次轴线和叙事空间。如果说主落是礼乐与仪式的集中呈现，横厝则是生活和起居的场景转换。大厝主厅堂外侧横厝两端采用一明两暗的布局设横厝厅堂，形成合院私密空间，中间并列式组合布局。横厝二层生活和场景化更加明确，上下串联紧密，空间舒适，精彩纷呈。

除了具有传统合院式大厝民居功能特点外，宏琳厝安全防卫设施齐全，独具特色。全厝 36 扇封火墙高低起伏，建筑内外院之间构筑“城坎”“兔耳”“攻击眼”“下马间”，层层环绕、环环相扣，一旦遇到危险，可逐级抵抗、逐院防御。

宏琳厝建筑规模宏大精微，形成了众多富有特色、多样可变的生活场景，充分体现了当地聚族而居形成的建筑格局。建筑布局严整有序亦富有变化，高大的封火墙纵横交织、错落有致，体现了传统礼乐文化中的有序、和谐。

2016 年 7 月，受台风“尼伯特”影响，宏琳厝毁损严重，后经闽清县政府及热心企业共同努力，全面提升了古厝历史风貌。2020 年 7 月，修复后的宏琳厝再次以崭新的姿态向世人呈现，传承与弘扬了传统文化。

宏琳厝现为省级文物保护单位，2012 年被福建省委列入党史教育基地。

宏琳厝正面鸟瞰

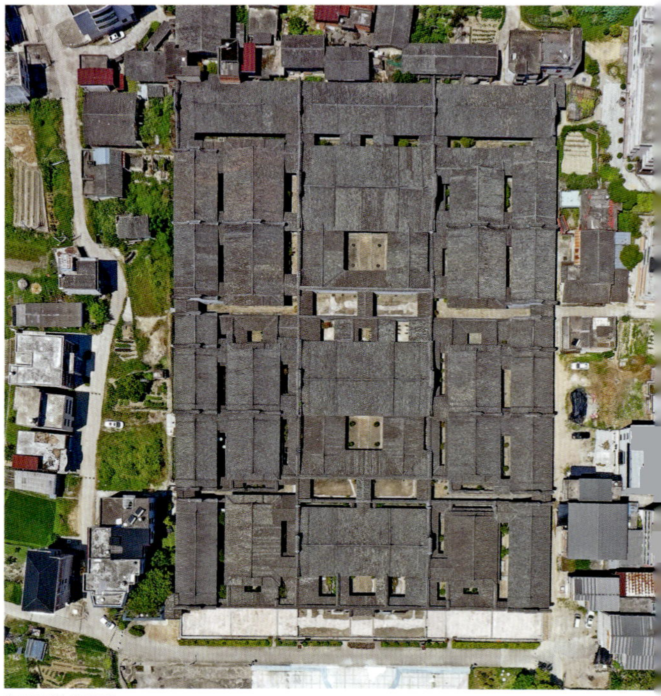

宏琳厝航拍平面

宏琳厝大门正立面虎头门

宏琳厝背面鸟瞰

宏琳厝东南院墙、侧门组图

宏琳厝屋面组图一

宏琳厝屋面组图二

宏琳厝一进厅堂

宏琳厝一进厅堂太师壁

宏琳厝一进院落

宏琳厝“源远”“流长”院门匾额组图

雲山起翰墨

宏琳厝一、二进间过雨亭

宏琳厝一、二进间右横街院门（谦恕轩）

宏琳厝一、二进间左横街

宏琳厝一进正座右后天井花格漏窗

宏琳厝一进左横厝天井

宏琳厝一、二进间横街下马间

宏琳厝横街二层瞭望台

宏琳厝一进正座左后天井

宏琳厝一进正座右后天井

宏琳厝特色院墙漏窗

宏琳厝一进右横厝院落

宏琳厝一进主座右庭院

宏琳厝一进右横厝游廊组图

宏琳厝一进主座右书院厅堂（原私塾）

宏琳厝一进右横厝室内组图

宏琳厝二进院落组图

宏琳厝二进院门“莊敬日强”

宏琳厝二进厅堂太师壁

宏琳厝二进厅堂组图

宏琳厝二进左外横厝院落组图

宏琳厝二进外横厝二层花厅

宏琳厝二进左横厝东端一明两暗合院组图

宏琳厝二进左横厝东端二层窗景

宏琳厝三进小姐阁楼二层窗景

宏琳厝二进组图

宏琳厝二进左外横厝天井

宏琳厝一进、二进间过雨亭组图

宏琳厝三进右横厝游廊组图

宏琳厝一进、二进间过雨亭

宏琳厝三进右横街及小姐阁楼组图

宏琳厝二进、三进间横街

宏琳厝三进厅堂后院

宏琳厝三进院落组图

宏琳厝三进厅堂一

宏琳厝三进厅堂太师壁

宏琳厝三进院落插屏门

宏琳厝三进厅堂挡溅墙一

宏琳厝三进厅堂木梁架

宏琳厝三进厅堂挡溅墙二

宏琳厝三进厅堂二

宏琳厝二进局部组图

宏琳厝院墙与横厝悬山屋顶

宏琳厝三进左横厝小姐阁楼花厅

宏琳厝三进左横厝小姐阁楼木构花格窗

宏琳厝三进厅堂

宏琳厝三进组图

宏琳厝二进、三进间过雨亭及框心石

宏琳厝古花圃组图

良衡厝正面鸟瞰

坂东镇新壶村良衡厝

良衡厝原名“树立嫂厝”，又名“新厝”，位于坂东镇新壶村。1875年始建，1882年落成，全厝面阔44米，进深51.5米，占地面积约2266平方米。

建筑坐东北朝西南，面朝柯洋山，背枕梅溪。正面入口设虎头门，主座八扇七间空间高敞，两端与封火墙间设火墙弄，火墙弄设连通一、二层的楼梯。建筑正面采用青石整石花基，其余三面采用溪卵石花基，建筑封火墙高大飘逸并设瓦衫。主厝院落设三面回廊，书院隔着墙布置在院落外侧，与横厝相向布置，正座厅堂、官房踢脚采用花岗岩条石打造而成，整座建筑做工精细，装饰精美。

文泉书院创立人之一黄其灿、清国子监太学生黄联球、新壶小学创办人之一黄良衡、民国首任福建省立科学馆馆长黄开绳均出自良衡厝，厅堂上方清光绪三十年钦赐“彤管扬芬”匾额，是对黄联球之妻林氏美德的旌奖。

良衡厝现为县级文物保护单位。

良衡厝侧立面封火墙

良衡厝侧立面墙基

良衡厝正立面

良衡厝左侧门门罩

良衡厝厅堂院落

良衡厝厅堂木梁架组图

良衡厝正座厅堂

良衡厝前座二层

良衡厝后座二层花厅俯瞰院落

良衡厝后座院落组图

良衡厝后座挡溅墙组图

良衡厝主座上二层楼梯

坂东镇楼下村尔班厝

尔班厝位于坂东镇楼下村，全厝占地面积约 3127 平方米，建于清代。建筑坐北朝南，东西宽 60.6 米，南北深 51.6 米，从南至北依次为倒座、院落、书院、正座、后座、东横厝、西横厝。倒座设门厅、门房；正座面阔七间，进深七柱；燕尾正脊，悬山顶。

尔班厝现为闽清县不可移动文物登记点。

尔班厝正面鸟瞰

尔班厝正立面

尔班厝厅堂院落

尔班厝院落

尔班厝书院院落一

尔班厝书院院落二

尔班厝厅堂

下埔里正立面

下埔里正面鸟瞰

下埔里正座山墙悬山顶

下埔里书院外横厝间院落

下埔里书院院落

坂东镇湖头村下埔里

下埔里位于坂东镇湖头村，全厝占地面积约 3128.4 平方米，建于清代。东西宽 64.8 米，南北深 47.4 米，从南至北依次为倒座、院落、书院、正座、后座、横厝。倒座设门厅、门房；左右书院各三间；正座面阔七间，进深八柱，燕尾正脊，悬山顶。

下埔里现为闽清县不可移动文物登记点。

下埔里院落

下埔里厅堂

士同厝正面鸟瞰

士同厝厅堂院落

士同厝院落俯瞰

坂东镇墘上村士同厝

士同厝位于坂东镇墘上村，占地面积约 1534 平方米，建于民国十三年（1924）。建筑坐东朝西，南北宽 29 米，东西深 52 米。大门设门罩，从西至东依次为二层回照、左右二层书院、正座、后座。回照设门厅、门房，书院三间与正座间设封火墙，三面砖柱二层回廊，正座八扇七间，山墙设封火墙，建筑西北角设三层兔耳楼。建筑屋面檐口置装饰花格，具有闽清民国时期建筑特色。

士同厝现为闽清县不可移动文物登记点。

士同厝书院院落组图

后洋厝正面鸟瞰

后洋厝前埕

后洋厝一进院落

坂东镇新壶村后洋厝

后洋厝位于坂东镇新壶村，占地面积约 1983.5 平方米。建于清代，后洋厝是典型的闽清传统合院式民居。建筑坐南朝北，东西宽 37.73 米，南北深 52.57 米，从北至南依次为倒座、天井、左右书院（厢房）、正座、后座。倒座设门厅、门房；天井左右设书院（厢房）各三间；正座面阔七间，进深九柱，前出游廊，穿斗木构减柱造，燕尾正脊，双坡屋顶。

后洋厝现为闽清县不可移动文物登记点。

后洋厝厅堂木梁架

后洋厝院落

后洋厝二进院落

后洋厝厅堂

后洋厝厅堂太师壁

彬园虎头门

彬园厅堂楹联匾额

彬园前座

彬园厅堂

坂东镇坂中村彬园

彬园位于坂东镇坂中村，全厝占地面积约 3165 平方米，建于清代。彬园坐北朝南。整个院落面阔 49 米，进深 64 米，从南至北依次为虎头门、倒座、院落、书院、主座、后座。主座八扇七间，进深七柱，梁枋用料硕大考究，厅堂空间开阔高大。稍间外设火墙弄，主座外设横厝。

彬园现为闽清县不可移动文物登记点。

坂东镇坂西村福传厝

福传厝位于坂东镇坂西村，占地面积约 2776 平方米，建于清道光年间（1821—1850）。建筑坐西朝东，南北宽 36.4 米，东西深 76.3 米，从东至西依次为两进院落，之间设横巷。建筑主入口设虎头门，第一进倒座设门厅、门房，书院一层三直外侧设天井，主座八扇七间，燕尾脊，外夹封火墙，隔天井设后座。第二进地势抬高，书院两直侧向设天井；正座面阔九间，进深五柱。

福传厝现为闽清县不可移动文物登记点。

福传厝正立面虎头门

福传厝一进院落

福传厝正面鸟瞰

学龙厝正面鸟瞰

学龙厝虎头门

学龙厝院落

学龙厝厅堂

坂东镇坂西村学龙厝

学龙厝位于坂东镇坂西村，占地面积约 1879 平方米，建于清光绪元年（1875），为一进合院式民居。建筑坐东南朝西北，面宽 39.1 米，进深 47.5 米，从西北至东南依次为虎头门、倒座、书院、正座、后座。二层倒座设门厅、左右门房，院落左右一层书院各三直；正座八扇七间，进深八柱，雀尾正脊，外夹封火墙，正座后隔天井置后座。

学龙厝现为县级文物保护单位。

慈庐一进院落一

慈庐一进院落二

慈庐正座厅堂

坂东镇朱厝村慈庐

慈庐位于坂东镇朱厝村，占地面积约1225平方米。建于民国十年（1921）。建筑坐北朝南，东西宽25.4米，南北深46.3米。慈庐主入口置青石花基砖砌带，侧向设券洞虎头门，东西两侧各立一座三层兔耳楼，装饰透空花格檐口连接。进入院落，三面为二层青砖带拱券回廊，两侧书院与正座之间设封火墙。正座面阔六扇五间，进深九柱。正座后隔天井建后座，后座东北角建一兔耳楼。慈庐空间、造型和用材都具有闽清民国时期建筑特色。

慈庐现为闽清县不可移动文物登记点。

慈庐正面鸟瞰

三溪乡溪源村池步洲故居

池步洲故居位于三溪乡溪源村北侧，占地面积约 180 平方米，建于清代。建筑依坡地而建，依地势前后双首层通达，立柱柱脚细长，下立之势明显，加之其上层叠的重檐悬山屋顶，整体形态层层叠叠与地形相呼应，造型生动轻巧。建筑一至三层均设环形外廊，房间环廊而设。每层外廊由圆柱、实体木栏板及披檐围合形成虚实空间。此厝是我国著名的密电码破译专家、爱国抗日功臣池步洲先生的出生地。目前，该民居已被当地政府列为爱国主义教育基地，成为闽清传统建筑活化更新的实例之一。

池步洲故居现为闽清县不可移动文物登记点。

池步洲故居正面鸟瞰

池步洲故居侧立面

池步洲故居二层走廊

池步洲故居正立面

五都、七至十都传统民居

塔庄镇秀洋村冬诚厝

冬诚厝亦名“祥庐”，位于塔庄镇秀洋村，凤栖山山麓，建于清代。建筑坐西朝东，南北宽 36 米，东西深 54.5 米，占地面积 1983 平方米。

冬诚厝由倒座、院落、书院、正座、后座及兔耳楼构成。正面精致青石花基夯土墙设寨堡式主入口，兔耳楼突出于主体建筑，并差异化地采用了溪卵石花基，高大突出，与正座和后座山墙高大飘逸封火墙相呼应，成为田野与凤栖山山麓自然环境中的壮丽景观。入寨是倒座门厅及插屏门，院落两侧一层书院各三间。正座面阔九间，进深九柱，穿斗木构减柱造，燕尾正脊双坡顶，后座两层面阔九间。正座与后座两侧夹大尺度封火墙，封火墙外侧将主体屋面延伸形成悬山，既保护了封火墙，又形成了对比错落的形态特色。封火墙造型曲线流畅有力，山水头壶边灰塑尺度大、层次丰富、工艺造型精美，是闽清传统建筑封火墙的代表性案例。

冬诚厝是闽清非物质文化遗产豹拳传承基地，是闽清县不可移动文物登记点。

冬诚厝航拍平面

冬诚厝沿街立面

冬诚厝正面鸟瞰

冬诚厝侧面鸟瞰

冬诚厝前座插屏门

冬诚厝一进院落

冬诚厝后座厅堂院落

冬诚厝正座厅堂木梁架

冬诚厝正座檐廊

冬诚厝后座院落

可霖厝正面鸟瞰

塔庄镇茶口村可霖厝

可霖厝又称“平平厝”，位于塔庄镇茶口村，建于清末民初。建筑坐西朝东，南北宽 38 米，东西深 80 米，占地面积约 3080 平方米。

可霖厝由前后两进院落组成，中隔横弄，在东北与西南角分别筑三层四面兔耳楼一座。第一进由云墙入口倒座、院落及书院、正座组成。倒座入口设回廊，书院一层三间，正座面阔七间，进深八柱，两端设火墙弄，燕尾正脊双坡屋顶，正座山墙及书院与正座间均设封火墙，造型舒展。封火墙靠天井段以菱形透花格过渡连接，既能通风透光又能赋予墙体虚实相间之美。第二进比第一进多了后座，书院两层两直，采用少见的三面坡屋面，改善了院落的空间及光照。可霖厝空间使用合理，建筑和院落尺度适宜，设置合理的天井、院落，实现了良好的采光通风，环境宜居。

可霖厝记录了闽清人从光泽、邵武至福州航线撑米船的历史，也有一段作为粮库的历史。可霖厝现为闽清县不可移动文物登记点。

可霖厝侧面鸟瞰

可霖厝航拍平面

可霖厝一进院落

可霖厝封火墙

可霖厝滴水兽

可霖厝一进正座檐廊

可霖厝二进院落俯瞰

可霖厝二进书院

可霖厝一进厅堂

可霖厝一进厅堂院落

可霖厝二进厅堂俯瞰

可霖厝二进院落

可霖厝滴水鱼

可霖厝封火墙翘角一

可霖厝封火墙翘角二

可霖厝屋面双隔沟

可霖厝书院二层外廊一

可霖厝书院二层外廊二

可霖厝二进院落俯瞰

可霖厝二进厅堂

可霖厝二进楼梯

可霖厝二进后庭

塔庄镇坂尾村二十八厝

二十八厝位于塔庄镇坂尾村，建于清代。建筑坐南朝北，面宽 35.4 米，进深 39 米，占地面积 1380 平方米。入口设虎头门，倒座门廊设插屏门，院落左右一层书院各三间；正座面阔九间，进深八柱，前出游廊，双坡燕尾脊，山墙夹封火墙。后座两层，面阔九间。

二十八厝现为闽清县不可移动文物登记点。

二十八厝航拍平面

二十八厝正面鸟瞰

二十八厝屋面挡溅墙

二十八厝正座檐廊

二十八厝院落

二十八厝厅堂院落

二十八厝厅堂

王氏祖厝正面鸟瞰一

王氏祖厝正面鸟瞰二

王氏祖厝院落厅堂

省璜镇省璜村王氏祖厝

王氏祖厝位于省璜镇省璜村，正朝下垅溪，建于清康熙年间，2009 年修缮。建筑坐东北朝西南，占地面积 1300 平方米。王氏祖厝为两进，书院之外设横厝，二层回廊连接了所有主要房间。

王氏祖厝现为县级历史建筑。

王氏祖厝正座“凤凰展翅”悬山屋面组图

王氏祖厝屋面近景鸟瞰

王氏祖厝横厝、外横厝间甬道

火墙厝建筑群鸟瞰

省璜镇山边村火墙厝

火墙厝位于省璜镇山边村，主座清代建造，兔耳楼为民国建造，2021 年重新修缮，占地面积约 1100 平方米。

火墙厝坐西朝东，背山面向田野。建筑是一进合院式大厝，由回照、院落、书院、正座，以及东北角和西北角兔耳楼组成。

火墙厝现为县级历史建筑。

火墙厝建筑群航拍平面

火墙厝正立面

火墙厝背立面

火墙厝院落

十一、十二、十四至十七都传统民居

池园镇顶坑村安庐

安庐位于池园镇顶坑村，建于民国，建筑坐西南朝东北，占地面积700平方米。

安庐为一进院落，由倒座、院落书院及正座组成，总体小巧精致，格局保留完好。屋面组合层次感强，正面云墙，层层向主入口大门迭落，两侧云墙通过装饰花格相连，虚实对比强烈，充满韵律感。东北面主入口是极具闽清民居特征的迭落云墙及虎头门，云墙粉墙灰瓦，墙头两侧山水头用透空花格连接。云墙正中设置虎头门，既突出空间也丰富造型，两侧火墙造型别致，精美的山水头灰塑、莲花主题青石花基及高拜石所题“安庐”为建筑增色。入口倒座门厅两层挑高，以书卷文化主题的装饰栏杆连廊和院落两侧两层书院形成三面砖柱回廊。书院两层两直，采用夯土墙隔间，墙裙装饰具有特色。主座两层六扇五间，进深七柱，前出游廊，屋架、卷棚、杹墩木雕造型精美，5副高大楹联及匾额工艺多样，艺术效果精美。高耸于正立面东北角的四层兔耳楼造型挺拔，立面开窗及半圆形、三角形窗套和装饰富有变化与特色。安庐建筑空间尺度适宜，建造技艺和内涵丰富，是闽清民国时期云墙、虎头门、兔耳楼、封火墙等四个特色元素集中的典型代表。

安庐现为闽清县不可移动文物登记点。

安庐侧面鸟瞰

安庐虎头门

安庐正立面

安庐入口回照、书院、厅堂

安庐厅堂

安庐书院、正座封火墙组合

安庐厅堂木梁架及特色楹联

安庐书院二层回廊

安庐二层回廊

安庐入口回照、门厅及充满书卷气的回廊

安庐后院

安庐木雕、楹联组图

安庐书院连通正座通道

安庐虎头门两侧莲花青石花基

安庐装饰墙裙

清利厝正面鸟瞰

池园镇丽山村清利厝

清利厝位于池园镇丽山村潘峰垅，1913 年始建，建筑朝向庚甲兼申寅，占地面积约 2700 平方米。清利厝东面虎头门面揽田野青山，店头坪、虾仑、寨顶、九使桥、油行店、观音隔由近及远依次展开，北侧隔九斗溪与虾仑对望，从村西南王公宫门前蜿蜒而来的水圳环绕建筑，景观优越。

清利厝由虎丘一叶龙峰黄氏三十四世声凤、声海、声淮于民国二年（1913）夏秋时节动土兴建，历时半年建成土木结构正厝六扇五间，此后续建八扇、书院、兔耳楼及横厝，1930 年建筑整体告竣。

清利厝由虎头门、回照、院落书院、正座、横厝及两座兔耳楼组成。由虎头门进入院落，书院两层三直夯土墙木构，院落空间开阔疏朗，正座两层八扇七间，进深九柱，前出游廊，双坡燕尾脊，主座山墙及书院和正座间置封火墙。建筑东侧南北角置三层兔耳楼，兔耳楼旁院落东南的百年白兰树常年花香四溢，是周边许多人童年嬉戏游玩的记忆。虎头门、兔耳楼、百年白兰、封火墙形成了清利厝独一无二的风貌。2008 年 9 月，清利厝历时 3 个月完成修缮。

清利厝的特色价值主要体现在三个方面。首先，清利厝是闽清民国早期建筑布局和风貌的代表。两层书院和正座之间及正座山墙都设置了高大的封

清利厝院落

清利厝厅堂

清利厝生产的日用瓷及电瓷展示

清利厝院落近景

清利厝建厝 110 周年活动一

火墙，与虎头门和兔耳楼共同强化了建筑风貌。几何图形和线条装饰的墙裙及门套、兔耳楼三角形窗套处理及装饰彩绘、洋灰的应用都具有民国建筑特点。

其次，清利厝有着系统完整、平灾结合的防护理念。建筑外墙及院墙高大连续完整，高耸的三层兔耳楼具备眺望和日常居住功能，夯土墙上预留的铳眼具有防卫功能。书院外侧上下两层设置的廊道既是平时的交通通道，也是防卫时和正座建筑联动的通道。书院及正座八扇采用夯土墙，并在暗瓦顶阁楼铺设预制土坯块以提升防火性能，外开门采用厚重的硬质酸枝木并采用铁皮覆面防火。外侧开小的斗形窗利于防卫。建筑内外宽大的环形石砌水圳具备了良好的排水功能。

第三，清利厝是闽清瓷业产业型传统村落池园丽山村瓷业发展的典型代表。1920 年清利人在丽山东山厂创办清利瓷厂，并因产品字号得名清利厝。1935 年开生产电瓷之先河，引领池园发展成为福建电瓷第一镇。

如今清利厝已经成为丽山村乡土文化，以及日用瓷电瓷产业发展历史和产品、红色文化展示的窗口。

清利厝现为县级历史建筑。

清利厝屋面近景鸟瞰

清利厝虎头门

清利厝建厝 110 周年活动二

清利厝封火墙

清利厝院落局部俯瞰

清利厝兔耳楼

清利厝兔耳楼三角形窗套彩绘

篆庐正面鸟瞰

池园镇池园村篆庐

篆庐位于池园镇池园村，建于民国，是闽清带砖拱券外廊建筑之一。建筑坐西朝东居院落中间，东西两侧留出院落，主厝居中，南北两侧副厝面向主厝布局。主厝主体为传统的夯土土木结构，在主体东侧附建青砖拱券外廊，外廊拱券共两层七开间，拱券开间依据自身的立面比例，和主体开间并无对应关系。柱头及一层、二层檐口均作叠涩处理。副厝与主厝通过连廊连接，主厝与副厝均为四坡顶。

篆庐背立面

篆庐天井

篆庐正立面

篆庐一层柱廊

篆庐拱券及大门彩色灰塑

篆庐特色屋面

池园镇丽山村宜成厝

宜成厝位于池园镇丽山村，始建于 1912 年，2012 年修缮。建筑坐南朝北，占地面积 1600 平方米。宜成厝谢氏始祖由平潭迁至闽清，辗转移居丽山凤尾坡现址。

宜成厝由倒座、院落书院、正座以及两座兔耳楼组成。宜成厝正面为自然砌筑卵石花基夯土墙，拾级而上通过青石砌筑的寨堡式大门进入倒座，倒座二层，门厅新设置了插屏门，院落两侧书院二层三直，与倒座二层回廊及正座相连通，书院与外围墙间围合出生活天井。正座十扇九间，双坡燕尾脊。正座及书院山墙设封火墙。

宜成厝现为县级历史建筑。

宜成厝院落

宜成厝寨门入口

宜成厝回照二层回廊

宜成厝正面鸟瞰

六垢厝远景鸟瞰

六垢厝航拍平面

六垢厝正立面

六垢厝厅堂院落

池园镇店前村六垢厝

六垢厝位于池园镇店前村，始建于清代。六垢厝位于山地，依山傍田坐落在高大的卵石台基上。建筑坐东南朝西北，隔芝溪和潘亭的中峰头对望。建筑布局横向展开，为一进左右横厝的两层建筑。建筑入口通过长长的台阶与场地相连接，主厝面阔六扇五间，燕尾脊悬山屋顶。主厝左右设横厝，主厝与横厝用过雨亭连接，横厝各设两道封火墙。建筑屋面的组合及造型丰富而有特色，结合场地塑造，群体颇有气势。

新厝正立面

上莲乡上丰村新厝

新厝位于上莲乡上丰村中部，建于清代，占地面积 2024 平方米。新厝坐西北朝东南，背靠寨坪山，面朝仙公仑，院前开阔的农田与建筑和谐映衬。建筑布局水平展开，中落由前埕、前座、院落书院、正座、水平贯通的后座组成，左右两侧有横厝及外横厝，建筑整体设矮院墙。主座和横厝各设院墙门埕，既可独立出入，又能侧向连通。主座门埕朝西南设入口门亭，前座七扇六间，一层木构，面向前埕和内院开直楞窗和板门。横厝端部披檐架空柱廊和前埕空间相融合，横厝与主座之间以过水廊连接，同时在过水廊中设楼梯连通上下。这种空间布局主次分明，兼顾公共礼仪与隐私居住空间。主座与横厅内部以穿斗式木构架承重，大木用料厚实，主座厅堂卷棚轩梁架木雕精美，三升担、雀替、小斗、隔扇等部位的木雕也比较讲究，体现了清中后期木构建筑的特点。横厅构架用料较小，但雕刻更为精细。该厝是上丰村大户人家住宅的代表，在空间格局、建筑造型、构造做法、细部装饰，以及社会文化内涵等方面都具有较高的价值。

由于上丰村地域上与永泰相邻，新厝水平横向的建筑布局、低矮水平的空间形态及层叠丰富的屋顶造型组合关系与永泰传统建筑有更多的共同特征。

新厝现为县级历史建筑。

新厝航拍平面

新厝院墙门楼外侧

新厝院墙门楼内侧

新厝侧面航拍

新厝侧立面田园远景

新厝院落

新厝厅堂院落

新厝横厝、外横厝间甬道

新厝厅堂木梁架

上莲乡上丰村大王后厝

大王后厝位于上莲乡上丰村，因宅前路口有个大王宫，故名“大王后厝”。清乾隆三十二年（1767）始建下厝，1941 年大修，2019 年再次修缮，占地面积 4500 平方米。大王后厝坐东北朝西南，建筑依地就势分上、下厝建造，上厝地势较高，下厝地势较低。大厝院前用石砌圆弧形矮墙围合，进入半开放的三合院，正厝木架高大，视野开阔。建筑以穿斗式木构架承重，大木简洁，用料厚实，正座厅堂卷棚轩梁架圆作，插梁两端做鱼尾叉，而三升担、雀替、小斗等部位则雕刻讲究，繁简结合，体现了清中期木构建筑的典型特点。悬山顶搭配带披檐的侧立面，辅以三川脊样式，书院与横厝屋顶纵横交错，整体屋面高低错落，与周边环境共同形成良好风貌。

大王后厝现为县级历史建筑。

大王后厝航拍鸟瞰

大王后厝下厝厅堂院落

大王后厝正立面

大王后厝下厝院落

大王后厝正面鸟瞰

西林墘侧面鸟瞰

金沙镇下林村西林墘

西林墘位于金沙镇下林村，始建于清光绪二十九年（1903），2008年修缮。西林墘坐西朝东，占地面积3685平方米，由前座、正座、后座组成两进院落，西北和东南各设一座兔耳楼，正座八扇七间，进深九柱，书院三直两层。正座双坡屋顶雀尾正脊，两侧夹高大封火墙。后座的地下隐藏着一个用石头垒出来的地窖，具有一定的避灾功能。

西林墘现为闽清县不可移动文物登记点。

西林墘航拍平面

西林墘院落

西林墘封火墙山水头装饰

西林墘厅堂

西林墘屋面局部鸟瞰组图

兴增厝背面鸟瞰

兴增厝正立面

兴增厝正面鸟瞰

兴增厝院落

金沙镇上演村兴增厝

兴增厝位于金沙镇上演村，为寨庐建筑，兼具居住与防御功能。正座面阔五间，左右设横厝，书院面阔三间，双坡屋顶。建筑正面带两座兔耳楼。兴增厝是闽清人民游击队成立旧址，是游击队队长谢元安故居，也是革命武装的一个联络点。该建筑具有一定的建筑技术、艺术及红色文化价值。

兴增厝现为闽清县不可移动文物登记点。

兴增厝厅堂院落

兴增厝红色文化展厅

麓林里侧面鸟瞰

白樟镇半山村麓林里

麓林里位于白樟镇半山村，占地面积 1077 平方米。建筑地处山林深处山脚之下，面揽空阔山间谷地。建筑坐西南朝东北，由轴线相互垂直的两进院落组成，包括前院、正座、后座。前院 3 栋建筑，轴线与正座轴线相互垂直，正对入口。正座面阔五间，进深九柱，前出游廊，穿斗木构减柱造，燕尾正脊双坡顶。正座后隔院设二层后座，面阔五间，以过雨亭相连。

麓林里现为闽清县不可移动文物登记点。

麓林里院落组图

麓林里厅堂

麓林旦封火墙翘角装饰

麓林里挡溅墙特色灰塑

玛鹿厝虎头门

玛鹿厝厅堂院落

玛鹿厝院落一

玛鹿厝厅堂木梁架

白樟镇白南村玛鹿厝

玛鹿厝位于白樟镇白南村，占地面积 2184 平方米，始建于清光绪四年（1878）。建筑坐西朝东，由倒座、正座、后座构成。正座面阔五间，进深九柱，穿斗式木构架，双坡屋顶，山墙封火墙“穿瓦衫”。西北角设一座三层四坡兔耳楼。建筑内部雕饰精细，物象丰富，具有较高的艺术价值。

玛鹿厝现为闽清县不可移动文物登记点。

玛鹿厝院落二

楚园正面鸟瞰

楚园插屏门

楚园厅堂院落

楚园院落

白樟镇园头村楚园

楚园位于白樟镇园头村，又称“长房厝”，占地面积4035平方米，始建于清代。建筑坐落于村域西北侧良田之间，四面视野开阔。建筑坐北朝南，由前座、正座、后座、横厝构成。虎头门入口，院墙齐整，书院与横厝间有院墙分隔。前座设插屏门、门房，正座面阔五间，进深七柱，穿斗式木构架，雀尾正脊双坡顶，左右书院各三直；后座部分已损毁，各厝之间设过雨亭相连。建筑内部雕饰精美，保存完好。

楚园现为闽清县不可移动文物登记点。

角里厝正面航拍

尚坑村航拍平面

角里厝侧面航拍

雄江镇尚坑村角里厝

角里厝位于雄江镇尚坑村，全厝占地面积约 1200 平方米，始建于清代。建筑坐北朝南，依山而建，前坪以下为层层梯田。前座、正座、后座依次抬高，外设横厝，东北设三层独立于主体之外的兔耳楼，并用结合地形的建筑体量联系主座。正座面阔五间，进深九柱，穿斗式木构架，书院各两直，后座原为两层结构，现已损毁。雄江镇横跨闽江南北，而尚坑村处于江北，因此角里厝和同处江北的桔林、东桥乡镇的建筑风貌较为接近。

角里厝现为闽清县不可移动文物登记点。

角里厝角楼

角里厝外横厝

角里厝厅堂院落

角里厝横厝侧院

角里厝院落

上新厝正面鸟瞰

十九至二十四都传统民居

东桥镇溪芝村上新厝

上新厝位于东桥镇溪芝村芝山自然村，始建于 1880 年，建筑面积约 1500 平方米。

上新厝坐落于山腰的梯田上方，背靠群山，视野开阔，具有鲜明的闽清寨堡特征。建筑局部两层半，建筑由外及里依次是倒座、正座及两侧横厝。建筑东侧外构筑有一座三层兔耳楼。

上新厝夯土院墙

上新厝厅堂

上新厝二层连廊

上新厝正座悬山屋面

兆琪厝正立面

兆琪厝正面鸟瞰

兆琪厝院落

兆琪厝条石拱门

东桥镇义由村兆琪厝

兆琪厝位于东桥镇义由村，建于清代，占地面积约 500 平方米。建筑为一进三合院，体量小巧，坐落在块石砌筑的台地之上，通过一大段台阶连接入口和周边场地。建筑由内院、书院和正座组成，正座面阔三间，进深五柱，书院两间双坡歇山顶。内庭尺度宜人，建筑质朴。

兆琪厝现为闽清县不可移动文物登记点。

东桥镇朱山村下马亭

下马亭位于东桥镇朱山村，始建于清光绪年间，建筑坐南朝北，坐落在村路旁，背靠树林，建筑东西宽 45 米，南北深 36 米，占地面积 1315 平方米。下马亭建筑布局对称，由倒座、正座、院落书院及横厝构成，形成四面围合的内向建筑。正立面夯筑封火墙，轮廓线起伏错落，封火墙中部设正门，庭院两侧建书院各 2 间，双坡屋顶。正座面阔五间，进深九柱，燕尾正脊悬山顶，前出游廊，明间、次间为两层半结构，左、右后三侧带廊，二楼次间外廊设美人靠，正座外隔天井建横厝。横厝面阔七间，进深二柱，两层结构。左右横厝与正座之间分别以两个过雨亭相连。

下马亭现为闽清县不可移动文物登记点。

下马亭厅堂院落

下马亭横厝间甬道

下马亭特色封火墙

下马亭正面鸟瞰

桥头坪厝正立面

桥头坪厝前埕

桂林乡尚德村桥头坪厝

桥头坪厝位于桂林乡尚德村，占地面积 2145 平方米，始建于清朝康熙年间，历时 5 年建成，1963 年由马来西亚华侨捐款修缮，2015 年再次修缮。

桥头坪厝位处尚德村路旁，坐北朝南，背靠群山。主体为土木结构，两进合院式布局，由 3 个敞厅、5 个天井、1 条入门弄巷及 1 个书斋楼组成。从前到后建筑顺地势增高，建筑四周设有封火墙，形制简洁。厅堂地面采用粉色三合土方块条纹，经久耐用。

桥头坪厝现为闽清县不可移动文物登记点。

桥头坪厝正面鸟瞰

桥头坪厝院落

桥头坪厝后座二层

桥头坪厝特色封火墙

桔林乡后洋村砖坪下厝

砖坪下厝位于桔林乡后洋村，始建于清同治年间，占地面积 1575 平方米，是茶界泰斗张天福的祖居。建筑坐东朝西，背枕牛山，面揽古田溪。建筑以院落连接厅堂、两边书院，形成内向四合院。院落中轴以青石铺设，两旁铺设青砖，厅堂为三合土地坪，质朴厚重。正座六扇五间，厅堂木柱硕大，柱石精美，梁枋、隔扇层层叠叠的木雕栩栩如生。建筑两侧均设木构外廊，作为室内空间的延伸。马头形、猫弓背封火墙，侧向入口前院，封火墙外吊脚出挑二层环廊布局，后院布局等充分体现了砖坪下厝的特色，也体现了闽江北区域的建筑特色。建筑两侧设有高耸的封火墙，美观且兼具防火功能。

砖坪下厝现为闽清县不可移动文物登记点。

砖坪下厝侧面鸟瞰

砖坪下厝前埕

砖坪下厝门罩入口

砖坪下厝院门

砖坪下厝二层吊脚楼一

砖坪下厝正面远景鸟瞰

砖坪下厝二层吊脚楼二

砖坪下厝环廊、楼梯

砖坪下厝厅堂木梁架

砖坪下厝厅堂

砖坪下厝院落一

砖坪下厝厅堂院落

砖坪下厝院落二

砖坪下厝特色装饰构件组图

下新厝正面鸟瞰

下新厝青砖大门

下新厝院落

下新厝木梁架组图

桂林乡后洋村下新厝

下新厝位于桂林乡后洋村，始建于 1860 年，坐落在 124 县道旁，南北宽 34.6 米，东西深 35 米，占地面积 1211 平方米。下新厝由回照、正座、后座、横厝构成，建筑风格与砖坪下厝（张天福故居）相仿。前座门墙正中为青砖框大门，院落左右书院各三间，正座面阔五间，进深七柱，双坡悬山顶，后座面阔八间，横厝与正座间以过雨亭相连。建筑四周紧靠封火墙，封火墙形式为马头墙，整体布局合理，木雕精美。

继述堂航拍平面

继述堂远景鸟瞰

桔林乡伴岭村继述堂

继述堂位于桔林乡伴岭村，属清代建筑，建筑南北宽 28 米，东西深 37.80 米，占地面积 1058 平方米。继述堂坐东朝西，坐落于山顶，可俯瞰整个村落。建筑前方的土地开阔，可用于晾晒及耕种农作物。继述堂由回照、书院、正座、后座围合而成。前座设门厅、门房，天井两侧设书院各两间；正座面阔六扇五间，进深九柱，前出游廊，穿斗式木构架；后座为厨房，以过雨亭相连。建筑封火墙为马头墙形式。

继述堂现为闽清县不可移动文物登记点。

继述堂正面鸟瞰

虎丘黄氏六叶祠

四、祠堂书院文庙

祠堂是中国农耕文明祖先崇拜之下尊祖、敬宗、睦族的重要建筑载体。人类社会很早就产生了祖先崇拜观念，因崇拜而产生相应的祭祀活动。集聚的宗族是祠堂存在和演化的社会和经济基础，而以血缘为纽带的宗族经历了从战国时期的宗子宗族到东汉的世族宗族和魏晋南北朝、隋唐的士族宗族再到两宋平民宗族，以及明清的绅衿阶层的历史变迁。

宋代朱熹推动了宗族和祠堂制度的改革，提出了祠堂法，提倡家族可以建立祠堂祭祖敬祖。朱熹在《朱子家礼》中规定了祠堂的形制、祭祀的仪式及族人的行为规范，为后世的祠堂制度提供了重要的参考和依据。朱熹的祠堂制度在明清时期得到了广泛的推行和发展。祠堂是家族祭祖联宗、宗族管理、红白喜事、表彰惩戒，以及道德教育和文化传承的重要场所，也是家族成员进行社交、娱乐、教育等活动的重要场所。祠堂因此成为传统社会的重要文化符号和象征。

据 1993 年版《闽清县志》记载，闽清全县曾有 65 个姓氏的 230 多座祠堂。闽清县文史资料第十四辑《闽清祠堂》整理了 135 座祠堂的资料。虎丘黄氏六叶祠、溪西村闽清张氏宗祠、玉坂刘氏宗祠、文定村许氏祠堂、下杭村池氏宗祠等是闽清聚族而居形成的祠堂文化的典型代表。闽清的祠堂以数量众多、规模宏大、布局完整、历史人文底蕴深厚为特点。祠堂的建筑布局、空间形态、材料装饰等和民居相近，主要差异体现在民居的书院通常

转化为祠堂的开敞回廊，另外祠堂的厅室更加宽敞和高大以适应祭祀时人员密集的情况和祭祀氛围需求。

《礼记》载：“天子诸侯宗庙之祭，春曰‘礿’，夏曰‘禘’，秋曰‘尝’，冬曰‘烝’。”后世沿袭四时定祀，四时祭祀的名称有所变动，通常为春祠、夏礿、秋尝、冬烝。延至当下，闽清的传统以清明和中元两次祭祀为主。

北宋范仲淹请诏州县兴学，创设义庄模式，通过祀田、义庄田、书田等义田的乡族公有经济形式，为乡村的尊祖、敬宗、睦族和以族群为主资助兴建的书院提供了经济保障。

书院是中国古代特有的教育组织和学术研究机构，最早出现在唐朝，发展于宋代，正式的书院教育制度则是由朱熹创立的。书院多由官办或由宗族、富商、学者筹款创办。书院以自由研习为主，集众讲授为辅，山长或名师讲经、讲文、讲诗。书院对中国古代的文化、教育和社会产生了深远的影响。

据民国十年版《闽清县志》记载，闽清历史上书院主要有钟南山上的鼎峰书院（后改为正音书院）、际上陈祥道兄弟读书处的龙岗书院、县治旧文昌阁处的龙江书院、金沙的云龙书院、六都玉坂刘族公建的鹿阪书院、六都麟田山山麓黄族公建的崇文书院（后改名文泉书院）等。现保留相对完整的仅有闽清第二中学校园内的文泉书院。

六叶祠正面鸟瞰

坂东镇墘上村六叶祠（虎丘黄氏六叶祠）

虎丘黄氏入闽始祖黄敦祖籍河南光州固始县，唐光启元年（885）偕弟黄膺随闽王王审知入闽，后辞官隐居于盖平里凤栖山（今闽清塔庄镇秀环村），结庐垦田，辟园亭，艺花果。传因所葬之地夜有巨虎咆哮，世传虎葬，故有虎丘之称。黄敦有宗、礼、凝、勃、启、余六子，六叶传芳，故虎丘黄氏祠堂称六叶祠。

北宋大中祥符三年（1010），六叶祠始建于七都凤栖山下，时名“护国积善院”，后遭火劫被毁，1943 年于六都墘上里重建。六叶祠坐癸丁兼丑未，虎头门面向梅溪秀水，门外青石柱联题：“祠坐五台山山川秀丽，堂朝千棵松松柏长青。”祠前两侧植 6 棵青松，象征六叶并茂，万古长青。六叶祠建筑面宽 47 米，进深 49 米，建筑面积 3961 平方米，是一幢十堵七厅二弄封火墙包两层的大祠堂。正立面两端三层高耸的兔耳楼和东西两侧起伏流畅、宏大精微的封火墙特色鲜明，交相辉映。前院厅堂、书院和回照四面回廊环绕，入口处回照两层通高，穿过庭院到达厅堂，厅堂屋架减柱抬梁，形成宽阔宏大空间。厅堂正殿供奉始祖黄敦与陈氏夫人塑像及历代祖先牌位，殿前安放巨型横案桌，厅正中高悬中华民国国民政府委员会主席林森题赠的“国族所基”巨匾。厅壁左为始祖黄敦训子诗：“六叶同开一样青，莫因微利便相争；一回相见一回老，能得几时为弟兄”，右为宋哲宗御赞。正座有“龟年四劾秦桧其奏章光同日月，黄定三答孝宗而策对气壮山河”等 21 副清漆推光柱联，增添光彩。厅梁柱悬挂虎丘黄氏累世簪缨，科甲蝉联。厅堂左右两侧依次是宗、礼、凝、勃、启、余六叶纪念厅，纪念厅前出廊宽敞，出廊柱胸径达 1.62 米。后院空间狭长，三面两层回廊。建筑整体布局对称严谨，体现了祠堂建筑应有的庄重大方氛围。

虎丘黄氏人才辈出，涌现出两朝双宰相、一代五状元（元丰壬戌科黄裳、乾道壬辰科黄定、淳熙丁酉科黄唐、绍定己丑科黄东叔、宝庆二年黄复）、五尚书、五国公、三封侯，以及近代民主革命先驱、侨领黄乃裳，民族英雄黄乃模、黄建勋，传奇夫人黄依娇等。

黄敦六子，支衍 16 省 126 市县，嗣遍环宇，人口达 200 万人。一叶主要有龙峰和墘上两大派系；二叶主要有尤溪桎洋系、南洋系和永泰麟峰系；三叶分布梅埔、闽侯昙石及罗源、宁德和霞浦等地；四叶有福州义序、闽侯辅翼、罗源、湖南常德、湖南靖州甘棠和渠阳；五叶有尤溪鹏程派、六都湖峰派及长乐千六公系；六叶从宁德霍童衍支周宁、浙江乐清蟾屿等地。

六叶祠现为县级文物保护单位。

六叶祠正厅一

壬寅年虎丘黄氏六叶祠理事会秋祭大会
兵部尚書
國族所基
敦公紀念堂
狀元及第
狀元及第
民族英雄
黄
黄

六叶祠虎头门组图

六叶祠正厅二

六叶祠院落

六叶祠厅堂

六叶祠正座檐廊

六叶祠王厅三

六叶祠正厅四

六叶祠后座院落组图

刘氏宗祠虎头门

刘氏宗祠正厅组图

刘氏宗祠封火墙翘角灰塑

坂东镇坂中村玉阪刘氏宗祠

玉阪刘氏宗祠位于坂东镇坂中村，又名“闽清玉阪维济公纪念堂”，面朝柯峰，背依台岫，门临演溪，地理环境甚佳。刘氏宗祠始建于乾隆五十五年（1790），200多年历经沧桑。1992年由刘氏裔孙族人倡议重建，于1994年10月新祠建成。

全祠占地面积2024平方米，两层，40余间厅室，设置了各种纪念陈列室。正座高大深远，力求堂皇肃穆，书院则活泼雅致。大厅内悬挂着6副字联，2副山水，4副祖训，其中有文天祥、朱熹、欧阳修以及明朝宰相叶向高的题序、诗章。

刘氏祖先在宋朝英勇抗金，以忠贤称世，宗祠左边设有忠贤厅，悬挂五忠八贤图像，敬祀祖先之灵，右边设有先哲厅，挂13位先哲之像。忠贤有如明末嘉靖年间抗倭英雄刘五奇公，黄花岗七十二烈士刘六符、刘元栋。

坂东镇文定村许氏宗祠

许氏宗祠坐落于坂东镇文定村，是福州十邑许姓总祠，始建于清嘉庆八年（1803）。闽清三都许氏，系东汉末年被称为平舆二龙之一的许劭的后裔，后居河南光州固始县。唐光启元年（885），许令骥十一公由河南光州固始入闽，后由泉州迁福州，入永泰鱼坑转闽清鹿芽洞。十二公又迁贵湖，再卜宅三都龟洋。

祠堂坐北朝南，建筑面积1053平方米，为一进单层合院布局。祠堂院墙平直，仪门采用单披檐形式，青石门框上方匾额书“许氏宗祠”四字，两侧有一亭一鱼雕饰图案，仪式感十足。前院厅堂、回照四面回廊环绕，入口处回照外架戏台，穿过庭院到达厅堂。厅堂屋架减柱抬梁，宽阔宏大。整个大厅共有20根圈柱，柱础有圆形、六边形两种，青石细磨。前梁上方为弓箭式仰板，称“曲仰”，斗栱精雕细刻，古朴浑厚。大厅正中为神主龛，神龛左右是宋徽宗书赠许份的御联。大厅两旁为厢房，分前后房。祠的两侧是高大的封火墙，依木构主体建筑起伏，形成流畅的曲线，反映了晚清时期闽清地区民间建筑特色。

家族名人中包括了福州府第一位状元宋嘉祐八年（1063）的状元许将，龙阁直学士许份，南宋尚书许应龙，理学大儒许佺，辛亥革命烈士许逸夫，辛亥老人、民革福建省原主委、福建省政协原副主席许显时等。20世纪以来许氏家族成员开始向海外发展，涌现出沙捞越州拓荒元老许元双、著名侨领许家栋、马来西亚拿督许如衡等优秀人物。许氏宗祠现为闽清县不可移动文物登记点。

许氏宗祠侧面鸟瞰

许氏宗祠正厅

许氏宗祠正厅祭拜场景

许氏宗祠门楼

坂东镇溪西村张氏宗祠

张氏宗祠坐落于坂东镇溪西村溪头埔，是闽清各乡镇张氏族人的总祠。张氏宗祠始建于清咸丰元年（1851），1943 年另择新址由闽清、永泰、尤溪、闽侯、屏南、南平、福州等县市族人集资重建，1990 年重修，现占地面积 1024 平方米。

张氏宗祠坐北朝南，虎头门面向旷野秀水，门外墀头、牌堵、挑檐精美，门上青石题“张氏宗祠”。祠堂为一进合院式，两侧两层环廊，厅堂面宽五间，进深七柱，采用减柱抬梁，形成宽阔空间。前充柱梁架上方保留爱国将领张学良手书“源共根同”匾，正殿上方高悬堂号“百忍堂”，殿前安放横案桌。建筑整体布局端正，厅柱两侧楹联高挂，华彩饱满。

闽清张氏先祖乃唐朝山东郓州寿张县（今河南省濮阳市台前县桥北张村）

张氏宗祠虎头门

张氏宗祠大门匾额

张氏宗祠正月摆将军组图

的张公艺，因九世同堂却能和睦相处，唐高宗御赐堂号“百忍堂”。

闽清张姓系唐末入闽开基祖张睦后裔，张睦原籍河南光州固始县魏陵乡祥符里，唐朝末年随闽王王审知入闽，闽国建立后授张睦三品官，领榷货务，官衙在福城凤池坊，晚年定居侯官孝悌乡惠化里（今上街榕桥）。元朝中期始，张睦后裔陆续从侯官、永福迁入闽清，迁入闽清的张氏还有来自尤溪、大田、仙游、福州等地的。

闽清张姓遍布全县各乡镇的100多个村庄，与黄、刘、许、陈、林等姓氏并称闽清望族大姓。

张氏宗祠现为闽清县不可移动文物登记点。

张氏宗祠正厅组图

塔庄镇虎丘一叶龙峰黄氏宗祠

虎丘一叶龙峰黄氏宗祠，坐落于塔庄镇塔庄村（镇政府对面），背靠梅溪秀水，面朝玉屏山山麓。黄氏宗祠始建于康熙二十七年（1688）。该祠堂为宗支祠合建一处，较为少见，宗支祠既各设大门相对独立，又可通过横向小门相串接，前后修葺4次，风貌保存较好。

该祠系十七世祖以宁公旧居，以宁（字心平）20岁入泮，元至正元年（1341）被授广东潮州府儒学正堂，大明洪武戊申年（1368）衣锦还乡（据《潮州府志》载），开基龙峰，起盖3座平屋，占地面积2000平方米，建筑面积1200平方米。祠堂前原有一月形池塘，双斗旗杆碣，祠前石栏杆环绕，祠堂正面青石花基工艺精美。祠内石板条压边，堂内壁画桃源仙境，九副柱联金字生辉。天井埕和环廊全用石板条铺设，正厅上悬挂“龙峰开基”四字横匾，左右一副辈分用字长联，“承祖训翼孙谋裕大荣昌永作熙朝硕望，隆国栋振家声敬勤忠孝弼成盛世宏模”，“进士”“武魁”等牌匾悬挂两边，庄严稳重。中华人民共和国成立前黄氏宗祠作为乡村小学，中华人民共和国成立后又被用于乡公所、人民公社办公长达40多年。

龙峰黄氏宗祠为六叶长房一叶的发祥之地，据2006年初步统计，于国内外繁衍6万多户16万多人。

黄氏宗祠现为闽清县不可移动文物登记点。

黄氏宗祠正厅院落

黄氏宗祠正厅

黄氏宗祠纲公厅

黄氏宗祠纪公纪念堂

黄氏宗祠正立面特色花基组图

1928 年清利厝制作、赠送青花香炉

谢氏宗祠航拍平面

云龙乡际下村谢氏宗祠

谢氏宗祠又称“宝树堂”，位于云龙乡际下村，建于清光绪八年（1882）。原建筑占地面积约1877平方米，建筑面积约1510平方米，穿斗抬梁式木构架，正座八扇七间，回廊环绕，灰墙黛瓦。谢氏宗祠于2019年6月修缮。

谢氏宗祠侧面航拍

谢氏宗祠正座悬山屋面及木梁架

谢氏宗祠院落

谢氏宗祠前座插屏门

池氏宗祠虎头门

坂东镇下杭村池氏宗祠

池氏宗祠又名“鲤腾公纪念祠”，位于坂东镇下杭村蒋厝前山麓，重建于1942年。宗祠占地面积2178平方米，建筑面积约1307平方米，土木结构，封火墙硬山顶屋面。主座面阔五间，采用青砖拱券连廊，颇具民国建筑风格特点。

池氏由兴化经永泰最后穴辖闽清六都下杭，池氏宗祠左观柯峰呈胜景，右望五台聚长春，演溪之水流经南部，形成玉带环腰，山川绮丽，钟灵毓秀。

池氏宗祠正厅木梁架组图

池氏宗祠正厅右侧楼梯

池氏宗祠正厅

孙氏宗祠正面鸟瞰

孙氏宗祠门楼

孙氏宗祠甬道

东桥镇官圳村孙氏宗祠

孙氏宗祠位于东桥镇官圳村，建筑坐东朝西，始建于明朝前期。

孙氏宗祠虽为宗祠，营造时也结合了民居居住功能。宗祠为木结构，建筑面积2237平方米，占地总面积7190平方米。该建筑进入的路径颇具特色，转三个方向，立三道大门，建三个门庭，眺三座山峰。三道门，引道，过门庭、前庭，场景依次转换。第1道大门向南，土木结构，双坡悬山屋顶，两旁列石狮，面朝梧溪山峰。第2道大门向西，石构门庭，眺望远处有座首人巅山峰。第3道大门向北，砖石门庭，门前全石板铺设天井，眺望鸭姆梅巅山峰。一进天井全石板铺设，三面围墙。二进合院前院厅堂、书院和回照四面回廊环绕。初建时，宗祠规模宏大，正座为十扇九间三厅，民国二十二年（1933）焚毁后重建，缩建为如今的六扇五间。

宗祠屋后保留五株红榕，历经百年，连株成林，连片树冠达4700多平方米，最大一株红榕胸径9.3米，尤为壮观。

孙氏宗祠现为闽清县不可移动文物登记点。

孙氏宗祠甬道组图

孙氏宗祠甬道门组图

孙氏宗祠正厅

文泉书院侧立面

坂东镇新壶村文泉书院

文泉书院位于坂东镇新壶村，背倚柯峰山麓，面向演溪秀水。清乾隆四十八年（1783）里人新壶里宏琳厝始祖黄作宾与黄氏族人在六都麟田山山麓构筑文昌宫。嘉庆十六年（1811），文昌宫添筑红色围墙，并取名崇文学堂。光绪十五年（1889），黄氏族人本着“为族养士，不若为乡养士；为一乡养士，不若为一邑养士”的宗旨，将崇文学堂扩大为全县所共有，面向全县招收学生，遂购置土地，在崇文学堂前山坡上新建书院。清光绪二十年（1894），崇文学堂扩建告竣，由于书院前有古井，水极深洌，故书院取名文泉书院，蕴含文如泉涌之意。这一时期，崇文学堂、文泉书院融为一体。光绪二十九年（1903），文泉书院开设附属高等小学，又称文泉小学。民国二年（1913），文泉书院改名为“闽清县私立文泉中学”。1927 年又在文泉书院之下建成四合院布局的新校舍，称为“下文泉”，这是废除科举后的新型学校，原文泉书院称“上文泉”，上文泉沿袭书院体制。作为闽清县第二中学的前身，文泉书院见证了教育制度的变迁。

文泉书院整体为中轴对称布局，分前、中、后三座。前座坐西南朝东北，

文泉书院山门

崇文学堂院墙

文泉书院主座讲堂和白兰树

文泉书院后座二层楼廊远眺

入口石框大门上镶嵌“文泉书院”的青石横额，为宣统太傅陈宝琛题，门前苦楝树蕴含莘莘学子勤学苦练之意。中座建筑坐南朝北，门墙作猫拱式，入口开在门墙之右，门额书“崇文学堂”，拾阶而上，穿过大门进入一方天井，一棵高大的白兰树撑起一片绿意，花香与书香四溢。主座面向天井，面阔三间，进深四柱，燕尾正脊，左右侧为高大的封火墙，背墙建书院，面向外侧为开敞院落。后座位于挡墙台地之上，通过中座后庭院两侧的连廊楼梯与中座连接，交通便捷高效。后座为两层土木结构外廊建筑，中间错层高出部分为面阔三间魁星楼，两侧为夯土隔墙六扇五间居住功能建筑，后座左庭院植一棵桂花树，意为学子勤学苦练之后的“蟾宫折桂”。书院整体古朴典雅，掩映在现代校园绿树红墙中，传统书院与现代校园时空重叠，历史底蕴与当代文化交融，颇有韵味。

文泉书院现为县级文物保护单位。

文泉书院侧立面局部

文泉书院左侧院俯瞰

文泉书院魁星楼二层组图

文泉书院右侧院

文泉书院后座左侧二层组图

文泉书院后座右侧二层

梅城镇闽清文庙

闽清文庙为北宋景德四年（1007）知县史温始建，宋、元、明、清屡圮屡修。现存的大成殿、明伦堂等建筑为清咸丰十一年（1861）重建。20世纪50年代初，闽清文庙被工厂占用，万仞宫墙、棂星门等被拆，泮池被填。1983年重修，1995年和2021年修缮，现有占地面积2850平方米，建筑面积1347平方米。

闽清文庙依中轴线自南而北依次为门前埕、大成门（戟门）、两庑及拜庭、大成殿、明伦堂、后壁照等。门前埕右边现存一块下马碑及竖碑基石，上书“文武官员至此下马”。大成门又称“戟门”，是古建筑中的礼仪之门。大成门高出门前埕，为内外双廊式结构，进深三柱，走廊东西两侧各有一廊室。在古代，东廊室为礼器库，西廊室为乐器库。大成门有三扇对开的大门，正中1扇对开大门的上方悬挂“文庙”竖匾，下方门两边安放1对石鼓，柱头、梁架、门窗雕刻有花鸟虫鱼、故事传说等图案。

穿过大成门是宽阔的庭院，即拜庭。拜庭是古代文武官员及莘莘学子顶礼膜拜孔圣人的地方。拜庭两侧各有一条开敞廊庑。廊庑面宽六间，进深三柱，两庑和大成门三面正脊上是蓝底白字灰塑篆书《石鼓文》。在古代，闽清文庙东庑为名宦祠，祀史温、董祯、沈源等从宋至清邑令，西庑为乡贤祠，祀陈祥道、许将、陈旸、黄师雍、黄唐、许份、肖德藻、郑自诚等闽清籍的历代乡贤。

文庙正殿

闽清文庙大成殿雄踞于高出拜庭埕面 1.5 米的青石台基上。面阔五间 18.5 米，进深四柱 22 米，殿高 10 米，为重檐九脊歇山顶，穿斗式木结构，顶部有藻井。柱头、梁、枋、大小额枋、吊筒、吊裙雕刻着各种精美的图案。大成殿正脊上方木雕双龙戏珠，重檐翘角塑有 8 只凤凰。

大成殿之后是明伦堂，面阔三间，进深三柱，单檐歇山顶。堂顶正脊中间雕以单龙戏珠，两翘角则雕双龙望珠。明伦堂是古代学子听讲和学习的重要场所之一。

闽清文庙现为省级文物保护单位。

文庙明伦堂

文庙大成门内廊

文庙大成门外廊

文庙藻井天花一

文庙藻井天花二

梅溪镇樟洋村文昌宫

五、宗教建筑

闽清宗教信仰多元，因此宗教建筑类型也繁多。昭显庙、将军庙、芝田宫主要供奉着闽王王审知爱将陈氏四将军陈雪城、陈天晴、陈树茂、陈兴焱，四将军分别受封爵为翊惠、显惠、威远、怀远。娘奶庙、临水庙以毓麟宫为代表，祀道教女神、海内外公认的顺天圣母陈靖姑；圣君堂供奉保境之神、农业之神和商业之神张圣君；王公宫供奉陶瓷行业保护神和地方守护神三山国王；六公殿（六君殿、车山府）供奉农耕时代农夫、猎人的保护神陈六公；文昌宫供奉文昌帝君文曲星；户公殿供奉驱蝗神明户意承。还有岳飞庙、岳府（武功庙）、齐天府、东岳庙等。外来宗教如基督教在闽清也有一定的传播，其中以北大路真源堂为代表。现存牧师楼融合闽清传统建造技艺与红砖拱券造型，充分体现了外来文化与宗教影响。

闽清宗教建筑和传统民居相比，建筑的尺度变化很大，建筑的形式、色彩差异也不小。宗教建筑形制与内部构件富有特色，装饰与画作具有一定的艺术和历史价值。从建筑规模来看，大者成组，几进组合，主殿雄伟，小者单门独座仅以几块整石垒砌成庙，也有在桥亭、凉亭等处设龛便是。不论大小，宗教建筑总是营造出神秘和摄人心魄的氛围。

宗教建筑是人们精神寄托的场所，也是历史人文精神的重要表现。走在闽清的传统村落或是幽静山林之中，或在人群聚居场所，或在那半山腰头，常能领略到闽清宗教建筑的独特魅力。

文昌宫航拍平面

文昌宫门楼内侧

梅溪镇樟洋村文昌宫

文昌宫位于梅溪镇樟洋村，建筑面积约 900 平方米，始建于清代。建筑地处村南半山台地上，视野开阔，景色怡人。文昌宫供奉文昌帝君，原为学堂之用，兼作祭孔场所，后亦作小学校舍用。建筑坐东南朝西北，立面由门墙、回廊、正座构成。牌楼式红色门墙居中设正门，门以上石框镶竖式青石匾额“文昌宫”。院落三面回廊，正座面阔三间，进深七柱，两侧夹马鞍形封火墙。

文昌宫现为县级文物保护单位。

文昌宫正面鸟瞰

文昌宫

文昌宫侧面鸟瞰

文昌宫院落、游廊

文昌宫俯瞰村落

文昌宫院落正面

文昌宫院落侧面

芝田宫正立面

坂东镇墘上村芝田宫

芝田宫也称“芝田境庙”“车墘宫”，位于闽清县六都坂东镇中心墘上村、演溪和三溪交汇处的河湾，内枕山麓，外俯演溪，面对柯峰，景色旖旎。芝田宫由芝田、车墘、詹其坊、仁溪洋四境社共建，清咸丰六年 (1856) 扩建，1989 年重修。

芝田宫是从县治南庙（今将军庙）分祀而来，供奉闽王王审知爱将翊惠、显惠、威远、怀远，以及闽清民间爱戴的两位清官——元朝至顺年间县尹董祯、明朝洪武年间县令沈源。相传自清嘉庆年间，每年正月十八，周边十里八乡的村民齐聚芝田宫闹春、举办庙会和摆摊设墟，逐步形成了福州地区最负盛名的传统民间集贸、“小小闽清县，大大六都洋”六都坂东的闽清“十八坂”商贸习俗非遗文化。

芝田宫坐东北朝西南，东西宽 22.8 米，南北深 36.3 米，平面呈长方形，占地面积 827 平方米。正面宫墙做牌楼式，中轴线上依次为戏台、两侧双层廊庑、左钟楼、右鼓楼、拜亭、正殿、佛龛。宫墙内涵丰富，艺术效果生动。戏台为杆栏式细木透雕，顶棚作如意斗栱藻井，正殿前拜亭轩棚横置三穴藻

芝田宫戏台组图

芝田宫屋面近景一

芝田宫屋面近景二

芝田宫戏台

芝田宫正殿与戏台

芝田宫正殿

井，结构精巧别致。正殿面阔五间，进深四柱，抬梁穿斗式木构架，歇山顶。大殿采用多层次的假倒水，形成丰富的内部空间，前半部是仪式空间，后半部为神像空间，均分别由前廊、前厅、后厅组成，为完整的五柱式结构，完整地统一在一个大的歇山屋面之下。整个建筑的栋梁、斗栱、额枋、雀替均作精雕细刻。正殿屋面做燕尾翘脊，脊上堆塑“双龙戏珠”，钟鼓楼、戏台屋面翘角均饰彩色灰塑卷草，下施角鱼。建筑整体屋面造型丰富，与内部功能空间相结合，具有很强的艺术特色。

芝田宫现为县级文物保护单位。

芝田宫屋面钩心斗角组图

芝田宫戏台藻井组图

芝田宫小木作雕饰组图

大王宫航拍平面

大王宫正面鸟瞰

梅溪镇桥东村大王宫

大王宫位于梅溪镇桥东村，建筑占地面积 169 平方米，始建于清代。建筑地处村域南面山坡台地，背枕风水林，建筑坐东北朝西南，由院墙、天井、左右廊庑、正殿构成。建筑入口设于南侧，正殿地势高于回廊，设神龛，面阔三间，外侧作马鞍形封火墙，屋面燕尾脊中饰大象灰塑。花墙、封火墙墀头上的人物、动物、花卉灰塑造型精美生动，殿内保留的壁画色彩沉稳，整个建筑具有一定的艺术价值。

桥东村大王宫为县级文物保护单位。

大王宫侧面鸟瞰

大王宫主殿

大王宫观音兜院墙

大王宫特色灰塑彩绘组图

大王宫主殿、院落

大王宫挡溅墙特色灰塑彩绘组图

白樟镇白云村白云寺

白云寺位于白樟镇白云村，史称“八闽第一丛林”，始建于宋景祐三年（1036），后毁于火患，仅存观音阁，清雍正、嘉庆年间经多次重修。寺院坐落于白云山，坐北朝南，大雄宝殿占地面积约1000平方米，面阔七间，进深七柱，单檐歇山，四角飞檐彩塑飞凤，燕尾正脊描蓝彩绘。寺院内现存“白云山”三字御碑，为南宋理宗赵昀于淳祐六年（1246）间所书。

明代谢瑀有《白云寺》诗云：“我爱白云寺，远在白云边。夜向寺中宿，白云伴我眠。晓归携两袖，出山仍在天。云兮不可狎，回首空茫然。”这是对白云寺意境的精彩描述。

白云寺现为县级文物保护单位；“白云山”石碑现为县级文物保护单位。

白云寺正面鸟瞰

白云寺航拍平面

白云寺主殿正立面

白云寺主殿悬山屋面彩绘　白云寺观音阁

三溪乡山墩村白岩寺

白岩寺又名“莲花寺”，位于三溪乡山墩村的白岩山莲花谷地。白岩寺始建于唐代，现存建筑为明清时期所建。白岩寺坐南朝北，背靠玳瑁山，寺前为门埕，埕下峭壁深谷，远望似悬于空中，十分险峻。白岩寺由山门、天井内院、左右厢房、正殿等组成，正殿建筑面阔三间，进深四柱，双坡硬山顶。寺门横额金字“白岩寺”为鼓山涌泉寺普雨法师所题。

白岩山位于三溪乡上洋村、山墩村，是闽清、永泰、闽侯三地交界地标，海拔 1237.7 米。因山顶石峰色白如玉得名，山形如白莲初开，以危峰、怪岩等闻名。朱熹题刻“八闽岳祖”，有“闽山第一”之誉。山上建有达摩殿、古月塔，纪念闽清籍近代佛教高僧古月禅师。

白岩寺现为县级文物保护单位。

白岩寺寺门与白岩山

白岩寺
宗教活动场所
闽清白岩寺

白岩寺远眺

白岩寺仙君殿

白岩寺正面鸟瞰

三溪乡鼓舞村刀霞六公殿

刀霞六公殿又称“六君殿”“车山府”，位于三溪乡鼓舞村。六公殿位于狮岚山顶，主殿坐北朝南，由前殿与后殿组成。从山门拾级而上分别成组布置探花府、十姓殿、陈五殿等庙宇，一览建筑群与胡鼠岩、玳瑁峰等山峦的对话与融合。

相传西汉末年，陈六、陈七、陈八三兄弟因母亲命丧虎口，在马岚山潜心修道后捕兽为母报仇，成为农耕时代农夫猎人的保护神，供奉于六公殿。探花府、元帅庙供奉田公元帅及郑二、郑三师傅。十姓殿供奉当地十位猎师。1951 年 3 月，成立刀霞打猎队以应对山林虎患，后打猎队应邀到永泰藤山、闽侯、莆田和古田杉洋、南平夏道等地巡回猎兽，受到国务院嘉奖。刀霞六公殿至今仍保留一块石碑记录打猎队事迹，成为一个时代的见证。

刀霞六公殿现为闽清县不可移动文物登记点。

刀霞六公殿与胡鼠岩对望

刀霞六公殿屋面鸟瞰

刀霞六公殿陈六公祖殿

刀霞六公殿上山通道

圣君堂大殿立面

金沙镇三太村圣君堂

圣君堂（张圣真君祖殿）又名“金沙堂”，位于闽清县金沙街中段，始建于宋绍兴二十九年（1159），1984 年修复。现存文物有大殿两侧宋代石狮柱及明洪武年间重建奠基石。

张圣君，又称“张真君”，出生于永泰嵩口月洲村，坐化于闽清金沙九龙潭。相传，张圣君以其斩妖伏魔、为民除害的功德受到当地民众的敬仰，被尊为保境之神、农业之神和商业之神，在闽清金沙有“游田了”农田巡安习俗。2017 年 1 月，福州市闽清县、永泰县、台江区共同申报的“张圣君信俗”被列入福建省第五批非物质文化遗产名录，成为连接闽台及东南亚的文化纽带。

圣君堂现为县级文物保护单位。

“张圣真君足迹”遗址

圣君堂正面鸟瞰

圣君堂大殿檐廊

圣君堂大殿

圣君堂宋代石狮柱

圣君堂明代重建奠基石

梅城镇城关村真源堂牧师楼

真源堂牧师楼位于闽清县梅城印记特色历史文化街区，始建于民国十三年（1924），2009年礼堂重建为七层建筑，礼堂旁的牧师楼留存至今。牧师楼主体为砖木混合结构，双面外廊，正面红砖圆柱，外窗带百叶，红砖墙体，中式青瓦屋面，中西合璧。结合山地高差形成的架空层采用连续的红砖拱券造型，富有特色。

如今牧师楼空间已被活化利用，作为黄乃裳与民主革命展示馆，对外开放进行宣传展示。

牧师楼沿街立面一

牧师楼地下室与院落

牧师楼沿街立面二

牧师楼红砖拱券

牧师楼青石花基

梅城镇梅城印记特色历史文化街区县署旧址

六、老街驿道

据民国十年版《闽清县志》记载，闽清除县治五街，迎恩街、学前街、十字街、西门街、浮桥头街外，各都尚有谷口街（梅溪渡口）、台鼎街（云龙台鼎）、三溪街（三溪前光）、湖头街（坂东湖头）、埕头街（坂东）、车垅街（坂东车垅）、阪中街、塔庄街（塔庄塔庄）、茶口街（塔庄茶口）、莲宅街（塔庄莲宅）、坪街（塔庄坪街）、桥头街（省璜）、池园街（池园池园）、上寨街（上莲上寨）、桥墩头街（上莲新村）、金沙街（金沙三泰）、五回此地街（白中田中）、白云渡街（白樟白云渡）、大雄街（雄江梅雄）、下阳街（东桥过洋）、时坪街（桔林四宝）21街。

这21条老街在传统水陆交通的农耕时代，作为商品集散中心，通常位于水路和陆路交通转换的区域。一方面，山区的农产品、林产品和手工制品等在老街集聚后输送到江河下游的平原和沿海地区；另一方面，通过老街也将沿海的海产品、贸易输入的产品输送到内陆和山区，满足了人们生活和生产力提升的需求。老街的规模通常和所在地及辐射范围的人口规模和物产产出规模相对应，也和河流的流域范围相关联。

一都的梨、桃、李、橙，尤其是青果（橄榄），二都的糖（红糖板）、青红酒，六都车垅的斗笠、茶口的粉干，十二都的甲纸，十五都丽山头的瓷器、珠中的黑陶，十六都白云渡线面等地方特色产品，以及通过山路、驿道汇聚来的永泰、尤溪等周边县的农林产品造就了各老街的特色和繁荣。“六都十八坂”和“五都十月八”是闽清老街繁荣的写照。

福州至宋代形成了完整的驿铺制度，所谓“十里一铺，三十里一驿”。福州前往闽浙粤地区形成了4条省际驿道：福温路、福瓯路、福莆路、福延路。

宋《三山志》载，西驿道（福延路）为唐元和二年（807）福建观察使陆庶所建。该道出福州西门，沿闽江北岸西上至延平（今南平），全长200余千米，贯穿全境，其中穿越闽清县境长35千米。主道从闽侯县的大目埕进入境内石湖、梅埔、白河江，进闽侯县西村抵小箬；支道则从梅埔渡闽江至渡口到县城，再经猴山至北溪渡闽江会小箬，然后复经闽清大箬、安仁溪、嵩滩铺、牛头塘，进入古田县水口。西驿道路宽2米，大部分地段为块石或卵石铺砌，历史上是驿传官府文书的重要道路，也是福州连接闽北、闽西各县的交通要道。

闽清县城至福州古道，全长75千米，县境内长9千米。该道自城关出南门，经溪口、上埔、渡口，横渡闽江至梅埔、石湖，入闽侯县境的汤院，接福延大路（西驿道）抵达福州，是闽清通往省城的一条交通要道。

闽清县城至古田古道，全长74千米，县境内长47千米。该道自城关出北门，经猴山、北溪、大溪、石潭溪、安后至大雄，横渡闽江至古田县水口镇，然后沿古田溪复经本县坳坪、四宝、高洋、后洋，经古田龙亭到古田县城。沿闽江两岸路段宽1—1.3米，泥石路面；北岸穿行于古田溪，大部分地段铺砌石头路面。

闽清县城至永泰古道，全长55千米。该道自城关出西门，经大路潭口、台鼎、前坪，上半山，越鹫峰岭到文定，折东经三溪、溪源、梧桐岩、新丰、麟洞至永泰县境淡洋至永泰县城。路宽1.7—2米，部分路段铺砌石头。另到文定折南，经旗峰、洪安、上汾、溪东、莲宅、下庄、坪街、七都隔、下坂、八都、佳垄，至永泰的霞拔，路段大部分铺砌石头。

闽清县城至尤溪古道，全长130千米，县境内长40千米。该道自城关出西门，经大路、潭口、白南、溪南，过马鞍渡，经小园、金沙街、下林、墘面、上演、城门、宝峰，入尤溪县境汤川乡的山兜，通往尤溪县城。路宽约1.7米，路面或土或石。

此外，闽清至永泰、闽侯、尤溪、古田等县毗邻的乡村虽然没有县际古道，但乡村之间均有道路连接，可通邻县重要集镇。如闽清上莲经庄洋口，入永泰县境莲坑可达嵩口；闽清池园经白罗岭、三堆土、东洋，达尤溪汤川、洋中等地。明代、清代、民国时期，十一都池园街曾成为尤溪汤川、洋中两乡笋干、甲纸等农副土特产品主要集散地。

闽清县城沿202省道西行，经云龙台鼎、云中村，有一条千年盘山古道可通坂东、塔庄、三溪乃至永泰。鹫峰岭分南北两段，南段起自三都今坂东镇楼下村西华，上至鹫峰岭头，约5千米，南段石路保留较完整。北段由鹫峰岭头起，下至二都今云龙乡前坪月井池与仙岭（云中路）相接，也有几千米。驿道用毛石块铺砌，路面宽1.5—2米，北段从前坪上至芹菜垅被拓宽为水泥村道，而芹菜垅至鹫峰岭头的石路面保留较完整。鹫峰岭南古有佛寺西华院，该寺始建于北宋，毁于清末，1958年在遗址处建西华水库。山中古刹鹫峰寺始建于北宋，明代遭火焚，至清代三度重修。除了鹫峰岭，尚有樟洋的万松岭、三溪的甲高岭等古道。

闽清古道大都穿山越岭，途中多建有路亭供人憩息。据民国七年（1918）调查，县内有路亭82座，其中建于宋、明两代的各3座，清代67座，民国9座。1987年现存大路弥勒亭、潭口清安亭、渡口泰山亭、二都云中路亭、梭罗岭天中天亭、百二层亭、池园后洋隔亭、坂西马石亭、文定鹫峰岭亭、三溪甲高岭亭、溪源白白亭、桥亭、未安官路亭、半岭亭、上汾柏岩亭、溪东半岭亭、麟洞限头亭、黎家凉亭、七都隔明觉亭等。

梅城印记特色历史文化街区局部航拍平面

梅城印记特色历史文化街区街景组图一

梅城镇梅城印记特色历史文化街区

闽清县于五代后梁乾化元年（911）置县。据民国十年版《闽清县志》卷二《城市志》记载，闽清历唐、宋、元、明均未建城，顺治十七年（1660）知县姜良性始建城垣，康熙二年（1663）春县邑修城竣工。旧县城有一市四铺、五街九巷。市一，县前市；铺四，县前铺、中街铺、县后铺、玉山铺；县治街五，迎恩街、学前街、十字街、西门街、浮桥头街；巷九，状元巷、里仁巷、后坪巷、后葛埕巷、际留仓巷、南宅巷、湖园衕巷、浮桥头巷、下社里巷。

梅城印记特色历史文化街区位于闽清县梅城镇中心城区，核心保护范围37100平方米。街区主要由浮桥头街（北大路）、安民巷、城垅路及将山崎顶与三条主要街巷联系起来的“十”字形小街巷为骨架组成，反映了民国

梅城印记特色历史文化街区水门旧址

梅城印记特色历史文化街区店铺二层街景俯瞰

梅城印记特色历史文化街区吴氏祠堂

梅城印记特色历史文化街区街景组图二

时期梅城“城内山崎顶，城外梅溪绕”的“山、水、城”空间格局。现存省级文物保护单位闽清文庙，两处未定级文物真源堂牧师楼、温厝里，以及毓麟宫、明朝厝、吴氏祠堂、北大路 11 和 12 号、水门、县署旧址、安民巷 1 号、民国警察局等历史遗存。梅城印记特色历史文化街区是梅城乃至闽清城区发展变迁的印记，也是梅城姓氏族群发展变迁的印记，同时也是多元空间文化融合的印记。

2018 年，在闽清明清时期“卵石花基、夯土木构”及民国时期“外廊、拱券、青砖、灰缝”建筑特点基础上，通过“留、改、拆、拼”对街区进行提升活化，在改善街区人居环境的基础上，重塑形成了街区尺度适宜、建筑风貌独特、空间肌理丰富、生活运营便利的梅城印记特色历史文化街区。

梅溪镇渡口村渡口老街

渡口老街又称为“谷口街”，位于闽清中东部梅溪镇闽江南岸的渡口村，处在闽江呈“S”形转折的江湾处，距离上游梅溪口南侧闽江的溪口客货运码头约1.5千米。南北走向的渡口老街把梅溪南部里寨、扶山、南泉、廷洋、塔峰、桥东等山区村落，甚至翻过云龙后垅郑宅隔将后垅大墘、际上等村落的人员和物资与闽江联系起来。

历史上渡口老街北端穿过一片果园、一段石阶，和闽江边的渡口码头相连。老街北向渡口老街入口处的62号，是依地形高差分上寨和下寨的张氏同生药店，建筑采用当地并不多见的土红色整石花基，在两层清水砖墙外立面的主入口处采用了传统门罩和砖叠涩相结合的独特形式。东南是三层青砖和红砖清水混砌的寨子张氏慎庐，曾作为区公所，其南侧隔壁为原供销社，五间排结构，是桥东谢氏所建。约200米长的渡口老街，集聚了扶山后张氏、桥东谢氏、塔峰陈氏，以及郑氏、刘氏、龚氏等族群，由郑厝里、刘厝里、张氏祖厝、龚厝里及剧场等不同时期不同风貌的建筑，形成了历史信息丰富多元的闽江古渡口商业老街。

渡口老街张氏慎庐（曾为区公所）

渡口老街“五间排”

渡口老街同生药店

渡口老街街景组图

渡口老街石敢当

池园老街方厝埕

池园老街大厝陈

池园老街大厝陈前的古红榕

池园老街店铺

池园镇池园老街

池园镇位于闽清县的东南部，东与坂东、塔庄、省璜等镇相连，北接金沙镇，西邻尤溪县汤川镇。梅溪最大的支流芝溪自上莲从西南向东北贯通镇域东部至白中珠中汇入梅溪，因此芝溪溪鼠船可直达县城。当年芝溪两岸有洋头、还盛、盐仓道、方厝埕、十五都丽山头寨仔（昭显侯白马王庙）等码头。

池园老街位于芝溪西岸十一都池园村，历史上是周边乡镇及尤溪汤川、洋中等地笋干、甲纸等农林产品的集散地，也是池园瓷业兴盛时期繁荣商业的承载地。历史上池园老街北端是始建于宋庆元元年（1195）的观音堂，1957 年改建为池园人民剧场而成为池园的文化娱乐中心。从人民剧场向东经池园畜牧兽医站和转角处 349 号原经营清利瓷业产品的丽星店（原支前供应站）折南沿河而行，沿街几栋清水青砖墙、砖石过梁铺面保留着商住合一的立面和空间格局，南至方厝埕的一段是 1946 年之后修建的，称为“池

池园老街“还盛”碑刻

池园老街组图

池园老街人民剧场（原观音堂）

池园老街黄菽承中医诊所（左）及黄宝云土楼（右）

池园老街畜牧兽医站

池园老街店铺

园新街”。来到方厝埕，六扇五间的方厝（1552 年由福清钱杯迁来观音堂坂）通过临河开阔的埕和石阶，以及曾经的方厝埕码头、木桥把古街和芝溪紧密联系起来。建议传统风貌建筑仓里厝是老街为数不多的不设街铺的宅院，而有着精致的青石花基、临河架高二层设观景露台的三层黄宝云土楼是老街空间精彩节点，其下方石阶连接着盐仓道码头，紧邻土楼南侧的二层夯土建筑曾经是黄菽承中医诊所。走过一些或开或闭的铺板门店铺，穿过几棵遮天蔽日的红榕，是建议传统风貌建筑大厝陈，古灵陈氏于清康熙年间从长乐玉田东渡村迁入闽清池园。

池园老街南北 300 多米，60 多家店铺沿 2 米多宽的鹅卵石街道延伸，而明嘉靖壬辰年梅溪翁黄叔美立的“还盛”石碑，记录了老街形成和发展的一段历史。

白中镇继新村洞灵桥

七、桥塔阁亭

桥、塔等公共构筑物，虽体量不大，但精巧经典，融合工匠智慧、技艺，是闽清传统建筑中不可或缺的部分。传统建筑的精彩之处，正是在于各个类型建筑的有机融合。众多小型公共建筑物在闽清地方性表达过程中占据着重要的席位，值得后人研究记录并且加以保护。

洞灵桥正立面

白中镇继新村洞灵桥

洞灵桥位于继新村中心文化活动广场南面30米的洞灵溪上，始建于清代，桥为石拱单跨式，呈东南走向横跨溪流上，气势雄伟。古桥桥长20米，宽3.9米，通高9米，桥两侧山墙高耸，桥旁立有一块青石碑，上为楷书雕刻“洞灵桥”，双坡屋面覆顶，燕尾正脊轻巧优美。

洞灵桥现为县级文物保护单位。

洞灵桥鸟瞰

合龙桥正立面

合龙桥东端火焰山墙

合龙桥西端火焰山墙及台阶

合龙桥木拱桥梁架一

省璜镇省璜村合龙桥

合龙桥位于省璜村与璜兰村交界处，横跨、连接两村。梅溪与下垅溪在此处交汇后向东流去，二溪宛如大小二龙汇合，故称“合龙桥”，俗称“八都桥头”。合龙桥始建于宋乾道年间，毁于元延祐年间。清康熙三十八年（1699）由里人郑克承倡募重建。民国十八年（1929）再次修建。门墙正中墨书“合龙桥”三个大字，为著名书法家沈觐寿于1981年9月题写。

合龙桥是一座壮观，融交通、休闲于一体的古代亭桥。全桥长39.7米，呈东西走向，由桥墩、基台、木拱、桥梁、桥上廊屋组成。桥墩以青条石干砌，呈舟状，尖端逆流，以减轻水对桥墩的冲击力。桥梁分两孔，西跨长12.5米，东跨长14.6米，木条穿插构成木拱架，是全国唯一的两跨不同三节拱的组合结构的木拱廊桥。合龙桥兼具美学价值和使用功能，为福建省现存始建年代最早的木拱廊桥之一。

合龙桥现为省级文物保护单位。

合龙桥正立面局部

合龙桥廊屋木梁架

合龙桥木拱桥梁架二

际上村石梁桥正立面一

云龙乡际上村石梁桥

际上村石梁桥位于云龙乡际上村，跨于雌雄溪上，为两台两墩，酾水三道。桥呈南北走向，全长35米，宽3.4米，桥墩以青条石纵横交叉砌筑，迎水面呈尖状，背水面呈平面。据史料记载，旧时际上经驿道与永福（今永泰）、闽侯相接。宋代梅邑都里等地的商人、学子进入省城、北上京都均由此经过。明代莫若忠有《贤良坡》诗云："拜石得流通，人怀利泽功。贤名不虚立，霖雨一般同。"

际上村石梁桥现为县级文物保护单位。

际上村石梁桥正立面二

际上村石梁桥"贤良陂"题刻

梅城镇台山石塔

台山石塔位于梅城镇台山，现台山公园内，始建于唐代，明嘉靖二十五年（1546）重修，为八角七层楼阁式石塔。石塔周边青色块石铺地，塔基由四层青石砌筑，塔身七层，采用暖灰色花岗石砌筑，塔空心，错层开设窗洞，层间设石挑檐。塔刹设宝顶，塔高约10米。石塔风格简洁典雅，屹立于梅溪和闽江交汇处的台山山巅，具有很强的地标性。宋朝萧磐有《石塔》诗云："兀立台山巅，缈入青云路。江水滔滔来，藉作中流柱。"对石塔的景观意境做了很生动的描述。

台山石塔现为县级文物保护单位。

台山石塔正立面

台山石塔鸟瞰

台山石塔沿江鸟瞰

台山石塔侧立面

台山石塔塔刹

桂林乡桂林村桂林境

桂林境位于桂林乡桂林村西南面佛殿岗，由县治南庙（今将军庙）分祀而来，供奉着四位将军（翊惠、显惠、威远、怀远）及元县令董祯、明县令沈源。庙宇建于清代，东西宽 8.43 米，南北深 16 米，平面呈长方形，主体建筑单檐歇山顶。从空中俯瞰，建筑由前廊、后殿两部分建筑构成，四周竹影摇曳，树木婆娑，景致优美。

桂林境现为闽清县不可移动文物登记点。

桂林境航拍平面

桂林境屋顶鸟瞰

桂林境正立面

桂林境天井

桂林境悬山屋面

桂林境屋脊装饰

桔林境正殿

桔林境正殿藻井

梅溪镇梅埔村鳌峰寨前埕

八、活化利用建筑

闽清传统建筑具有重要的历史和人文价值。众所周知，年久失修、产权不明等多重困境是当下传统建筑的普遍问题。从可持续发展的角度来说，对传统建筑进行系统性保护，修复仅仅是一种相对“静态”的介入措施，而进一步为传统建筑空间赋能，赋予其新时代的价值，才能够达到从“静态保护”到“活化利用”的飞跃。随着城市的不断发展，人们对历史文化资源愈加重视，探讨传统古厝的保护原则、利用思路和具体措施，已经成为当下传统建筑活化保护的重要课题。

闽清县对传统建筑活化保护的工作十分重视，开展了一系列的探索与实践，如支持高校进驻乡村进行乡村振兴相关工作，在樟洋村宝英厝设立清华大学乡村振兴工作站；与福建理工大学合作推动全县域的历史建筑普查工作；对名人故居、祠堂、庙宇进行空间功能整合与赋能，为传统文化的传承提供空间载体的同时，也为传统建筑的可持续发展助力；促进文旅产业在乡村的兴起，带动民宿、文化体验馆的融合植入，新旧功能与空间的融合带来互补碰撞，传统建筑被进一步活化利用，焕发生机。

本篇章将对四个活化利用建筑的案例进行详细叙述，包含了空间功能植入、与当地文化融合、建筑新旧结合等活化手法，展现了闽清县政府对传统建筑存续工作的努力与成果。

鳌峰寨民宿园林组图

鳌峰寨民宿大堂

鳌峰寨民宿客房院落组图

梅溪镇梅埔村鳌峰寨

鳌峰寨位于梅溪镇梅埔村，地处闽江北岸，背倚巍峨的鳌峰岭。鳌峰寨也称“邓氏古厝”，始建于清嘉庆十年（1805），主体为三合院院落，背山面水，外设左右横厝，后座西北处设三层角楼，距今已有220年的历史。

鳌峰寨历经百年的风雨洗礼，不断被岁月侵蚀。近年来，当地政府引进文旅开发项目，投入资金对古寨进行保护性修复，开发成民宿酒店。修缮后的古寨保留了建筑原有的肌理，继承白墙青瓦、土木结构的建筑风格；对内部空间和设备设施、环境景观进行提升，围绕古寨形成既有田园风情，又极具现代气息的“江畔桃源”，打造深厚人文底蕴与度假生活相结合的民宿集群，满足度假人群的需求。

鳌峰寨现为闽清县不可移动文物登记点。

鳌峰寨民宿客房院落俯瞰

鳌峰寨民宿复式客房组图

鳌峰寨民宿特色套房组图

梅城镇吴氏祠堂

梅城印记历史文化展示馆设在闽清梅城浮桥头街的吴氏祠堂内，是梅城印记特色历史文化街区中传统建筑活化利用的重要示范。展示馆以古厝为载体，展示闽清特色历史文化遗产，以提炼宣传文化精神为主旨，打造了一个极具历史文化氛围的展示空间。展示馆以闽清历史沿革、闽清核心及特色历史文化、文化传承工作展示展望三大板块内容为主，分成闽清历史沿革、礼乐文化、状元文化、

吴氏祠堂正立面

吴氏祠堂展厅组图一

华侨文化、院士文化、陶瓷文化、古厝文化、祠堂文化、非物质文化等专题展厅。

梅城印记历史文化展示馆是展示闽清历史文化的重要窗口，也是传递和宣传闽清精神的重要载体。

吴氏祠堂现为县级历史建筑。

吴氏祠堂展厅组图二

吴氏祠堂院落

宝英厝正面鸟瞰

梅溪镇樟洋村宝英厝

宝英厝为樟洋村明清古民居代表之一，建于乾隆年间，至今已有 200 多年的历史，是樟洋村古厝文化的重要组成部分。宝英厝占地面积约 1600 平方米，坐东向西，屋前紧邻农田和清溪。正座六扇五间，书院两直，穿斗木构架，燕尾脊悬山顶。

宝英厝现为清华大学与县地方政府共建的全国首批乡村振兴工作站点之一。通过对清代古建筑宝英厝进行修复，打造青年人才服务乡村的阵地。站点的建设不仅为乡村振兴工作的开展提供了便利的条件，而且为古厝的开发利用提供了借鉴经验。活力青年与百年古厝的结合，成为当地乡村振兴的新引擎。

为了适应乡村振兴工作开展的需要，宝英厝将狭小空间打通，建设了“引凤”直播间、乡村体验馆、乡村振兴服务站、福农“e”站、人才驿站、乡村产业工作站等类型多样的服务空间，极大地丰富了古厝作为乡村振兴平台的各项功能，为青年学子“下乡”创造了良好的条件。

宝英厝活化利用的探索，践行当代乡村振兴的战略规划，为人才返乡下乡，乡村闲置资源开发提供了有益借鉴。

宝英厝现为县级历史建筑。

宝英厝入口插屏门

宝英厝乡村振兴站

宝英厝院落

宝英厝正立面

宝英厝屋面鸟瞰

建砥古寨航拍平面

建砥古寨寨门

三溪乡山墩村建砥古寨

建砥古寨位于三溪乡山墩村里洋自然村，占地面积约2100平方米，建于清代，为传统寨堡建筑。古寨坐北朝南，门前设水塘，为二进院落，书院之外是横厝，在第二进两端设兔耳楼。古寨正立面的花基以溪石砌筑，高约3.5米；花基上为夯土墙，高约2.5米，具有防御功能，建砥古寨所在地是山墩南拳演练地和发源地，南拳是当地县级非物质文化遗产。

近年来，建砥古寨经过保护性修复。在修复过程中，遵循“修旧如旧”的原则，尽可能使用传统材料和工艺，以保持古寨的历史风貌。建砥古寨周边设置了多种体验项目，通过与旅游产业的结合，增加了游客的互动性和参与感，使其成为游客体验传统文化和乡村生活的重要场所，古寨也由此焕发了新的活力。

建砥古寨正面鸟瞰一

建瓯古寨正面鸟瞰二

建瓯古寨正立面

建瓯古寨甬道组图

建砥古寨正座厅堂

建砥古寨木构阳台

建砥古寨书院

下篇

地域建筑特色

闽清传统建筑因地域的山川地理、族群关系、文化基因和建造技艺而特色鲜明。闽清传统建筑和三坊七巷建筑灵活自然的布局相比更规整有序，和周边的古田、尤溪、永泰建筑的高低错落变化相比更趋于整体简洁有力，建筑的屋顶错落也相对平缓，无论在空间还是造型上都显示出从容舒展的气质。作为建筑第五立面的屋面，一方面反映出建筑的平面布局、空间关系，另一方面反映了地域建筑上的造型、材料、构造特色。闽清传统建筑因聚族而居形成的建筑规模宏大精微，因礼乐交织而形成的总体格局有序和谐，因在地营造而生成的壮观风貌气韵生动，在建筑屋面这个第五立面的维度也得到了充分的体现。

正立面诗意的云墙、入口中轴独特气势的虎头门、建筑角部高耸挺拔的兔耳楼、纵横交错高大飘逸的封火墙这四个突出的地域建筑特色要素，体现出闽清和周边区域的传统建筑的差异。从闽清传统建筑的彩绘灰塑、天棚梁架、木构门窗到匾额楹联、柱础花基等众多维度，都是闽清在礼乐文化滋养下的耕读文化和工匠技艺、群体意识和个性追求、家国情怀和闲情逸致、在地元素和域外风情的最具特色的表达和表现。

一、总体特征

闽清传统建筑总体呈现“礼乐文化为体，地域技艺为用”的文化特质。从空间社会学、文化地理学及人居环境学角度来看，其空间体系通过伦理化构型、适应性布局、地域性建构、符号化表达而产生以下特点。

1. 除下祝洋边村等少数地区布局相对紧密外，多以“小聚居大分散”的独栋大厝布局为主。从小巧的安庐到宏大的宏琳厝，建筑单体尺度变化大。

2. 除娘寨等少数寨堡建筑因防御性空间异化为中心布局外，多数建筑布局纵向主轴明显，建筑布局和主要功能的动态生长机制以纵向进深式空间组织扩展为主，横向扩展仍以主落为核心而非并置重复。总体布局规整又不失灵活。

3. 营造技艺的生成应用和屋顶高低错落、简洁舒展的形态构成，强化了平面主从关系。屋脊线、封火墙、兔耳楼形成特有的营造符号和竖向构成张力。

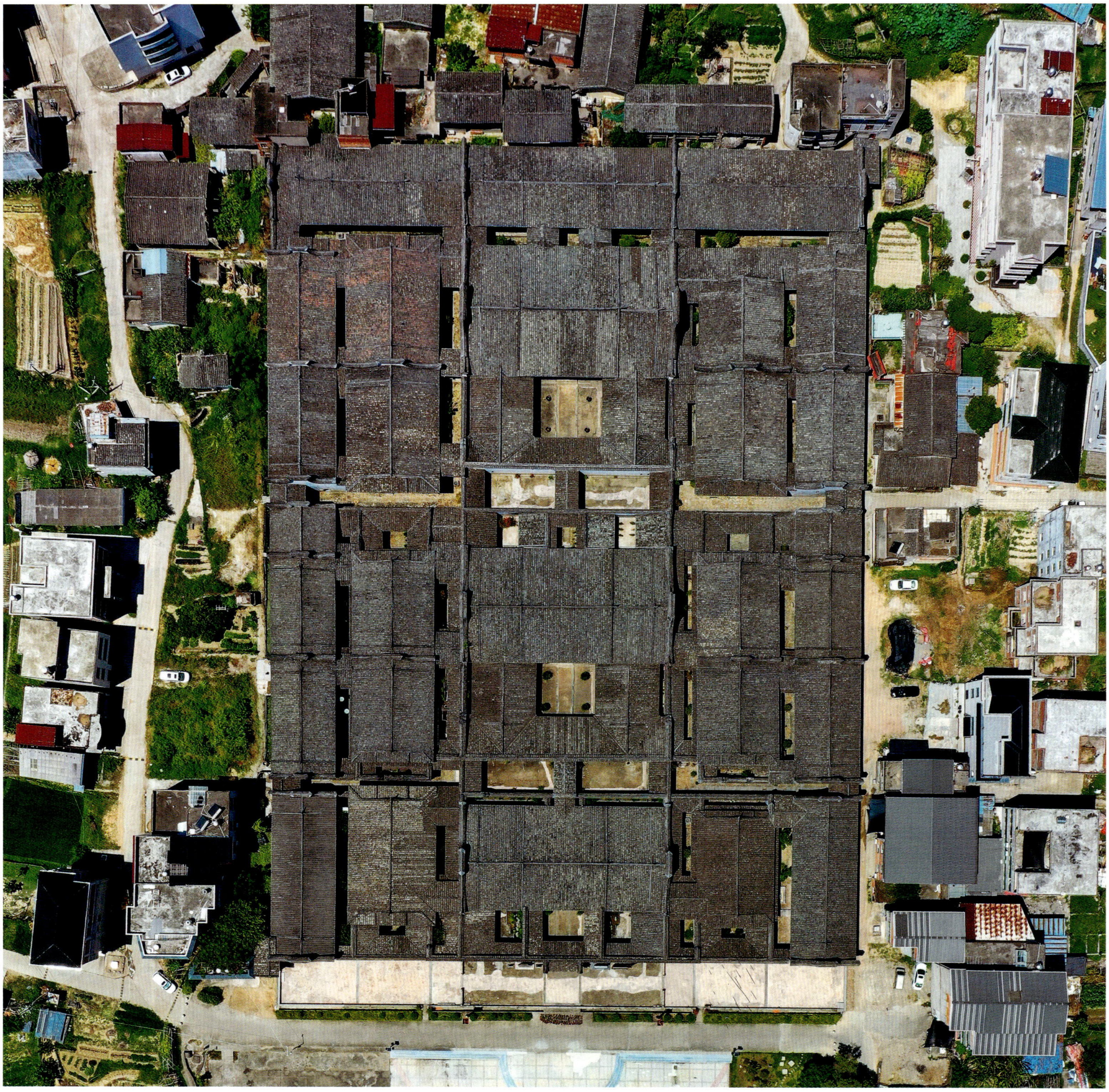

二、屋面及装饰

闽清传统建筑屋面和平面布局及空间塑造相结合，强调屋面的整体性表达。屋面的构成关系繁简得体，举折较为平缓。传统屋面屋脊经常分段处理，以燕尾脊为特色。高低封火墙突出于屋面造型，纵横交错，构建了丰富的屋面形态。屋面青瓦质量好、硬度大、色彩稳定，瓦材一般较大，因此屋面的肌理质感强烈，光影效果好。

屋面与封火墙、女儿墙交接部分常设反口，不同角度屋顶交汇处常采用“屋面双隔沟”，加强屋面防排水。高低屋面之间常设挡溅墙阻隔雨水，既是功能需求也突出了装饰效果。墀头等垂直部位装饰精美，施以粉彩或筑造雕琢，图案包括山川走兽、人文典故等，广泛运用灰塑、泥塑等，个别构件施以木雕。

屋面

挡溅墙

春風

三、云墙

云墙是闽清传统民居的特征之一。中国传统园林中的云墙是随着地形或环境而高低起伏的粉墙。闽清地区的云墙突破了建筑院墙简单的隔断、围合的功能，以墙瓦勾勒的连续舒展线条与环境中起伏山峦、天上云朵相呼应，形成闽清传统民居的正立面形象和差异化特征。云墙造型反映了建筑主体的高低变化，也反映了内部空间的开合，常用的起伏过渡覆瓦墙帽有牌堵墙、如意卷、腾云卷等形式。结合瓦花、花格形成的庭院间隔断的云墙，既利于通风采光，也造就了内部庭院空间丰富的界面肌理和光影景观。云龙福泰厝、谢厝里、坂东宏琳厝、池园顶坑安庐等是闽清传统民居云墙的代表。

四、虎头门和寨门

虎头门是闽清传统民居独特的出入口大门形式，以空间形态和界面材质工艺区别于周边地域的类似元素。虎头门不仅是建筑的主要出入口，也是院落内外的过渡空间和表达建筑特色的重点。虎头门一般位于入口院墙的正中，在大门两侧构筑突出于院墙的厚重封火墙，在此空间通过水平额枋和垂花柱组合木构架设单坡青瓦屋面。虎头门两侧厚重墙体上部通过木梁或石梁挑出一段叠涩砖墙，其上做一段垂直墙体后生成起翘飞扬的墙帽，墙体正面山水头、牌堵做灰塑装饰。两侧墙体和披檐、大门围合形成的半开放空间中装饰墙裙、厝名匾额等，增添了建筑入口的空间特色和文化艺术气质。闽清最有名的虎头门古厝当属宏琳厝，宏琳厝的虎头门面宽 5.9 米，深 1.5 米，两边墙堵厚 0.5 米，墙帽最高点距室外地面约 5.1 米。墀头装饰精美的彩绘与灰塑，花基采用打磨的方整花岗岩砌筑，收边抹角均制作考究。另有池园安庐、坂东池氏宗祠等虎头门的代表。

寨门是寨堡的主要出入口，它在满足通行的同时需要满足防御的需求。寨门通常和厚厚的夯土墙相结合，门洞采用大块规整花岗岩进行内外错缝垒砌，板门采用质地细密坚硬的不易燃烧的原木制作，有的外包铁皮以防火攻。坂东溪峰的岐庐品亨寨、塔庄坪街的闪庐冬畴厝、省璜良寨的娘寨、池园东前的端礼寨等建筑的寨门是典型代表。

虎头门

民安
國泰

寨门

五、兔耳楼

兔耳楼也称“土楼”或“洋楼”，是闽清传统民居中位于建筑角部、具有眺望和防御功能的高耸建筑，它因似兔子耳朵高高竖起而得名。兔耳楼通常是二到四层的夯土建筑，采用四坡屋顶，有着厚重结构和狭窄窗户，以便于防卫和观察。兔耳楼因其独特的造型和功能，成为闽清传统建筑特色之一。梅溪梅埔鳌峰寨、池园顶坑安庐、塔庄茶口可霖厝、塔庄秀洋东诚厝等建筑的兔耳楼是典型代表。

六、封火墙

封火墙也称为“风火墙”“火墙”“封火山墙”，是福州地域传统建筑的特色元素。和福州十邑中的其他区域相比，闽清传统建筑的封火墙厚度和高度更大，富有张力的线型塑造和两端微微耸起的顶部，竹钉、乳钉瓦保护墙体的瓦衫构造，大尺度主题灰塑及局部瓦面云纹装饰薄灰塑，更为闽清封火墙增添了独特气势。

封火墙具有防火、防风功能，同时塑造了屋面形态特色。封火墙一般分为花基、墙身和墙帽三个部分，底部花基采用石材砌筑，中间墙身为夯土墙，顶部是瓦饰墙帽。墙帽常见的装饰有泥塑或灰塑，题材包括云纹、动植物等，象征吉祥如意。墀头是墙体端部两侧的装饰，通常饰以精美灰塑。壶边是墙帽下部的边缘，有时会做成曲线形。封火墙的脊角上常有灰塑制作的辟邪灵兽或佛教相关的纹饰，美观且富文化内涵。封火墙上的瓦通常使用硬度高甚至有光泽的青瓦，古朴自然。宏琳厝、东诚厝、岐庐、六叶祠等建筑的封火墙是典型代表。

七、彩绘灰塑

彩绘通常是利用矿物质颜料在墙体上进行描绘。它有两种表现形式，一类是以较为简洁的“几何花边”“缠枝花卉”“卷草螭龙”等图案，分别装饰在封火墙山水头的凹面暗角、屋面正脊前后墙堵，以及门墙、窗户的顶部等处。这类彩绘或作重复排列图案，或为单个人物、单枝花卉自成画面，不强调明确的主题，主要是起到补白及美化的作用。另一类是带有一定主题的创作画，画面多以人物为主角，配以市井山水、神话传说等内容，这类彩绘也称作壁画。

灰塑是以贝壳煅烧成灰加麻筋，加水搅拌，锤筑，其中的氧化钙、水与空气经熟化变成碳酸钙，达到一定的强度和柔韧性，而后在墙体上进行堆塑的工艺。灰塑结合竹木、铁件等做的骨架，可以塑造各种造型，也有的是预先制作再进行安装，硬化后具有极好的强度和耐久性。闽清传统建筑的灰塑多出现在封火墙墀头的正面与侧面，挡溅墙、屋面正脊垄及墙帽下边的腰线处。图案常见的有人物、瑞兽、花卉、螭龙、如意云、亭台楼阁等。到清代晚期至民国时期闽清古厝中有的灰塑局部也采用了玻璃、马赛克等新型材料。灰塑可以起到画龙点睛的作用，在闽清传统建筑中应用普遍。

國
恩

八、天棚装饰

天棚装饰主要包括卷棚顶、藻井、凤凰池等。闽清传统建筑主座正厅轩廊常用卷棚顶，即在两根木柱上部用轩梁连接，轩梁上用柁墩抬两根瓜柱至荷包梁，梁顶用弧形的弯椽组合成卷棚顶。藻井是殿堂、戏台等等级较高的建筑的天棚，由网状的如意斗栱向上重叠为穹庐状，“藻”即水藻，代表水，“井”为天文上所称的“东井”，为贮水之所，故藻井在古代有克火防灾之意。闽清传统建筑中具有比较精美藻井的有闽清文庙和芝田宫。芝田宫戏台天棚正中央正方形藻井内用四角扇画彩绘围合出八角形内框，八角形内框逐级向上重叠为大小不一的两组网状的如意斗栱，正中央的圆形顶棚彩绘金鱼图案。凤凰池是一种平暗与叠涩组合的天棚，常用于坛庙及门楼，有圆形、方形和海棠形等形状，彩绘图案以凤凰、牡丹等为主。

藻井

凤凰池

卷棚顶

九、木梁架雕饰

闽清传统建筑雕饰最精美的构件，通常为位于主座正厅的明间太师壁的牌楼面及左右两边的扇架大木构。牌楼面构件由上至下依次为一斗三升、锯花及弯枋、横披格栅等。由一个大斗、一条横栱和三个小斗构成的一斗三升，属斗栱的偷心造类型。做工讲究的一斗三升会雕饰花草、人物等图案来赋予它丰富文化内涵和精神寄托。承托上下枋木的木构件称作锯花，牌楼面上似扁担样式的曲线枋木叫弯枋，三个连续的波浪形弯枋民间俗称三升担。位于太师壁插屏门上的一楣与二楣之间的装饰格栅称横披格栅，类似于窗户上的窗棂，常用图案有方格纹、菱形纹、“卍”字纹等。

同根共源
张氏宗祠
百忍堂

喜氣藹堂

合璧联珠

耄龄祝嘏
吉星高照
家遇良時其家增福
人逢盛世德人添壽

進士
世美
進士

野新香霖岭年年豐
芝宫鍾瑞氣境安人壽

十、木构雕饰

闽清传统建筑的木结构支撑体系上的装饰构件主要有：斗栱、插把、灯杠及灯杠托、替木、雀替、垂花柱、柁墩等。

斗栱是中国古建筑中一种独特的结构元素和重要标志，具有承重和装饰的双重功能。斗栱位于柱顶、额枋和屋檐之间，主要作用是承上启下，传递荷载。从柱顶上一层层探出成“弓”形的承重结构叫栱，栱与栱之间垫的方形木块叫斗，两者合称为“斗栱”。闽清传统建筑中的斗栱更多的是作为装饰。

插把是位于厅堂正中太师壁两个屏柱顶端的装饰木构件，由丁头栱或云头演化而来。

灯杠是位于厅堂上方的一根木枋，其截面常为六边形或花瓣形的梭形，主要作用是挂灯笼，杠身一般着朱漆，配以添、丁、发、甲等吉祥文字。灯杠托，俗称“灯杠头”，承托在灯杠两端的底部，多是以鎏金饰面。雕刻主题多为狮子、蝙蝠、桃园结义和八仙过海等。

替木是位于檐檩、脊檩、金檩之下斗栱之上的横向木条，常雕刻琵琶、卷草、如意等图案。

雀替是位于横材（梁、枋）与竖材（柱）相交处，缩短梁枋的净跨度，减少梁与柱相接处向下剪力的构件。雀替有两种，一种是在明间游廊立柱上段前端以斗栱作几步出跳，在出跳的上端左右衔接两块形似双翼的雀替；另一种即在游廊立柱上段前端外檐梁下悬一垂花柱，雀替附于柱的两侧。

垂花柱是檐口伸出的梁枋之间加的一段瓜柱，瓜柱下端制作成垂花柱头，柱头雕刻有覆莲、花篮、人物、花鸟等纹饰，多见于正座厅堂外侧檐下和横厝厅的廊檐及正门木构门罩。

柁墩是位于卷棚顶梁架中的木块，起支垫木栿、增高梁架的作用，有狮子、麒麟等雕刻主题。

斗栱及雀替

垂花

插把

灯杠托

替木

柁墩

十一、门窗装饰

门窗不仅指古厝本体的门窗，还包括墙垣上的漏窗。木窗分为板棂窗、隔扇、隔断、支摘窗等。窗子的格心又叫窗棂，构造最精美，常雕刻有线槽和各种花纹，如仙桃葫芦、福寿延年、石榴蝙蝠、扇状瓶形等。漏窗既能点缀墙垣，又能借景和通风，形成光影，漏窗的棂条常用组合有竹节杆、钱币纹、六边形等吉祥图案。

喜结鸳盟同咏月
壮怀鹏志共凌云

插屏门

木作雕饰

门环

门簪

十二、美人靠及栏杆

栏杆是台基、走廊、楼梯边保证安全的护围结构，竖木为栏，横木为杆，故称栏杆，多用木、石等天然材料制作。普通木栏杆根据排列形状有直棂、“回”字纹、“卍”字纹等形式。美人靠常位于临水处或天井的亭榭、楼阁上层的回廊上，即在坐凳栏杆上加了一排弯曲的靠背而成，因人们依栏休息、观赏美景而得名美人靠。

美人靠

栏杆

十三、匾额及楹联

在闽清传统建筑中，匾额为悬挂于太师壁或门楣之上的题字牌，内容一般为堂名或家训铭记等，如宏琳厝第三进主座明间太师壁上方的清咸丰帝御赐的“紫薇銮驾”匾额及书卷样式的圣旨匾。楹联是指屏柱或檐柱上的成对竖牌，楹联上的书法能陶冶情操，祈福平安，于厅堂能起到点景的作用。如芝田宫的戏台两侧，上下联：“不大地场可家可国可天下，寻常人物能武能文能圣贤。”池园安庐的楹联同样工艺多样而富有特色。

匾额

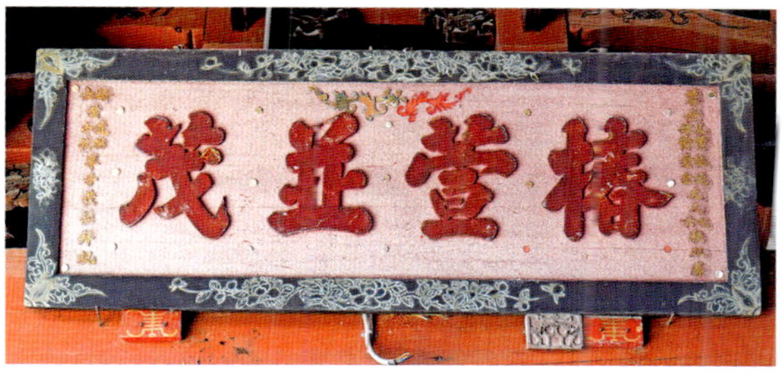

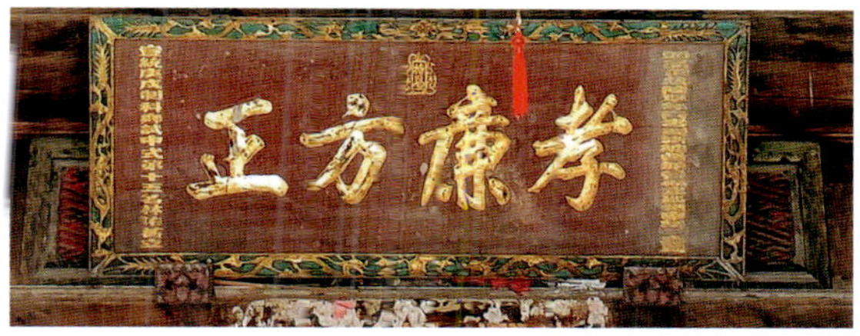

楹联

尋常人物能武能文皆聖賢
不大地場可家可國可天下

喜星高照
樟溪稱望族樓臺繼起共頌賢
聯姻聯手結宏圖
同志同心奔富路
京國喜榮旋琴瑟華筵初逢

壽同登
耆齡健順
水木重本源一脈龍山承祖澤
壽
福

物華天寶

人傑地靈

太和堂
支分鴈塔藻蘋馨
派衍虎邱蘭桂茂

十四、柱础

柱础为古建筑木柱下垫的基石，作用主要是承载与传递上部的负荷，并防止地面湿气对木柱的侵蚀。闽清传统建筑柱础的造型丰富多样，常见的有方形、四角形、六角形、八角形、圆鼓形、篚形等。其中四角、六角、八角形多做成须弥座。雕刻以人物、动物（瑞兽）、花鸟、暗八仙等为主题。

十五、花基

花基是承载夯土墙的石头砌筑的墙基，既能稳固墙体，又能防潮防雨。寨堡类古厝的花基由于防御的要求高度通常达 2—3 米，甚至更高。合院式大厝的花基高度一般在 1—1.5 米。花基的砌筑材料就地取材，通常包含乱石、溪卵石、片岩、矩形条石等本地石材。花基的砌筑方式有以下几种：乱石与溪卵石通常利用砌块间的叠压咬合来砌筑；片岩是水平错缝砌筑；条石由于加工费用较高，一般用于砌筑大宅院的墙基，砌筑方式为马牙错，每皮一顺一丁干砌。

岐廬

十六、石造构件

石造构件包括了石碑、石造雕像、门墩石与抱鼓石、旗杆碣、框心石等。石碑为石头制作的，祭祀或记录特殊及重大事件文字的碑刻，一般石碑配有基座。石造雕像为采用石头雕刻的人物、动物及吉祥物品的三维立体构件。旗杆碣由一对长方形竖立的石块组成基座，中间立一根木头旗杆。框心石是位于地面中间的一块方形石头，表面打磨比较光滑，其用途为族人若触犯封建礼法，族长则令其长跪于框心石上进行反省忏悔，宏琳厝二进院落尚存一块框心石。

石雕

石造门构件

石柱

闽清县不可移动文物名单

级别	序号	名称	年代	地址	类型	批次
省级文物保护单位	1	黄乃裳、黄乃模墓	清、民国	闽清县坂东镇湖头村	近现代革命史迹	省保第3批
	2	义窑	宋—清代	闽清县东桥镇义由村	遗址	省保第3批
	3	宏琳厝	清代	闽清县坂东镇新壶村	古建筑	省保第6批
	4	万松岭驿道	宋代	闽清县梅溪镇樟洋村	石刻	省保第8批
	5	合龙桥	清代	闽清县省璜镇横溪村	古建筑	省保第8批
	6	闽清文庙	清代	闽清县梅城镇城南北大街	古建筑	省保第8批
	7	际上石刻群	宋—清代	闽清县云龙乡际上村	石刻	省保第8批
县级文物保护单位	1	台山石塔	清代	闽清县梅城镇东面台山顶	古建筑	县保第1批
	2	白云山石碑	宋代	闽清县白樟镇白云村	碑刻	县保第1批
	3	白岩山风景区	清代	闽清县三溪乡前坪村	综合	县保第2批
	4	梅溪坪题刻	宋—清代	闽清县梅城镇台山西南脚下	石刻	县保第3批
	5	白云寺	清代	闽清县白樟镇白云村	古建筑	县保第3批
	6	芝田宫	清代	闽清县坂东镇墘上村	古建筑	县保第3批
	7	金沙堂	清代	闽清县金沙镇光辉村	古建筑	县保第4批
	8	洞灵桥	清—民国	闽清县白中镇继新村	古建筑	县保第4批
	9	王公庙	清代	闽清县池园镇南面丽山村	古建筑	县保第4批
	10	武功庙	明—清代	闽清县上莲乡莲浦村	古建筑	县保第4批
	11	文昌阁	清代	闽清县梅溪镇樟洋村	古建筑	县保第4批
	12	文泉书院	清代	闽清县坂东镇新壶村	古建筑	县保第4批
	13	文昌宫	清代	闽清县梅溪镇樟洋村	古建筑	县保第4批
	14	留云石刻	宋代	闽清县下祝乡后峰村	石刻	县保第4批
	15	六叶祠	民国	闽清县坂东镇墘二村	古建筑	县保第5批
	16	娘寨	清初	闽清县省璜镇良寨村	古建筑	县保第6批
	17	良衡厝	清代	闽清县坂东镇新壶村	古建筑	县保第6批
	18	学龙厝	清代	闽清县坂东镇坂西村	古建筑	县保第6批
	19	洋里桥	明代	闽清县省璜镇洋旦村	古建筑	县保第6批
	20	横溪卢公堂	明代	闽清县省璜镇横溪村	古建筑	县保第6批
	21	横溪泗洲亭	清代	闽清县省璜镇横溪村	古建筑	县保第6批
	22	桥东大王宫	清代	闽清县梅溪镇桥东村	古建筑	县保第6批
	23	温汤廊屋桥	清代	闽清县桔林乡温汤村	古建筑	县保第6批
	24	冬畴寨	清代	闽清县塔庄镇坪街村	古建筑	县保第6批
	25	典利厝	清代	闽清县云龙乡后垅村	古建筑	县保第6批
	26	梅城革命烈士墓	近现代	闽清县梅城镇洋桃社区	近现代重要史迹及代表性建筑	县保第7批
	27	际上石梁桥	宋代	闽清县云龙乡际上村	古建筑	县保第7批
	28	溪头林氏宗祠	清代	闽清县金沙镇溪头村	古建筑	县保第7批

闽清县历史建筑名单

批次	乡镇	历史建筑
第一批（2016）	坂东镇	紫坂墩
	白中镇	八卦厝
		天明寨
		池林兴隆坊
	池园镇	长利厝
		清利厝
		寨顶
		刘氏祠堂
		宜成厝
		阿冬厝
		刘氏支祠
		赖氏祖厝
		路下厝
		黄家琼
		赖厝里上新厝
		尔恩寨
		尔富寨
		家宇寨
		俊丽寨
		俊丽旧宅
	桔林乡	仁仔湾
		江氏下厝
		江氏新厝
		李氏上厝
		横楼厝
		楼乾厝
		粟米石
	省璜镇	陇中厝
		丁头垱王氏祖厝
		下垅垱
		仲启厝
	上莲乡	龙顶寨
	塔庄镇	敀园厝
	云龙乡	溪尾吴厝
		上庐厝
		功烈轩
		黄厝里
		谢氏宗祠
		过溪厝
		黄氏昌荣公故居
		黄氏宗祠
		万述厝
		下邓里
		上台厝
		龚宣德故居
		坡台厝

批次	乡镇	历史建筑
第一批（2016）	云龙乡	瑶庐
		义勇厝
	三溪乡	下垄
		下垅坪
		洋墘面
		世民厝
		碓龙新厝
		绍咸厝
第二批（2020）	上莲乡	大王后厝
		菜篮前厝
		孔华厝
		新厝
		顶头洋厝
		上寨
		燕窝形
		条鼻厝
		下厝
		水圳里厝
	塔庄镇	唐栋厝
	金沙镇	兴增厝
	梅溪镇	林氏支祠
		邓氏支祠
第三批（2020）	坂东镇	吓松厝
		新厝厦
	梅溪镇	宝英厝
		文科厝
		谢氏祖厝
	梅城镇	北大路吴氏宗祠
		北大路吴氏祖屋
		北大路 11 号古民居
		北大路 12 号古民居
		北大路 67 号明朝屋
	东桥镇	南坑村 18 号古民居
第四批（2021）	省璜镇	火墙厝
		岩角厝
		叶家祖祠
		碓垅厝
	上莲乡	水墙下厝（又名新成堂）
	云龙乡	大墘张氏祖厝
		卢氏祖厝
	梅溪镇	极成厝
		洋墘横楼厝
		洋头厝
第五批（2022）	白中镇	霞溪八卦厝
	桔林乡	马池古庙
	省璜镇	山边村山边 20—16 号古民居

续表

批次	乡镇	历史建筑
第五批（2022）	省璜镇	墘头厝
		墓洋厝
		王氏祖厝
		义贤厝
	上莲乡	月爿埕
	塔庄镇	黄楝起古厝
		长连厝
		祠堂下厝
		灰墙厝
		墓下厝
		桥头乾厝
		下寮祖厝
	三溪乡	前厝
	金沙镇	花花厝
		墓亭前厝
	梅溪镇	大山坪祖厝
		红楼

批次	乡镇	历史建筑
第五批（2022）	东桥镇	张宗安厝
	下祝乡	洋头村三厝排罗琦故居
		毛氏祖厝
第六批（2022）	梅溪镇	尾洋寨厝
	池园镇	池园人民剧场
		河坤厝
	上莲乡	仰高厝
		溪东尾厝
	白樟镇	道铺厝
	白中镇	大修厝
	金沙镇	家荫厝
	塔庄镇	秀环村黄宗经祖居
	省璜镇	下洋厝
		乌石洋厝
	东桥镇	谢氏祖宅
	桔林乡	里兜刘氏祠堂

闽清县传统村落名单

等级	传统村落
中国传统村落	坂东镇新壶村
	梅溪镇桥东村
	云龙乡后垅村
福建省传统村落	白樟镇下炉村
	坂东镇坂中村坂后自然村
	坂东镇文定村
	金沙镇广峰村
	金沙镇上演村
	梅溪镇樟洋村
	省璜镇良寨村
	省璜镇山边村
	省璜镇省璜村
	塔庄镇炉溪村
	下祝乡洋边村
	下祝乡洋头村
	三溪乡上洋村
	池园镇陈厝垅村
	池园镇东洋村

等级	传统村落
福建省传统村落	池园镇井后村（寨后、旧厝山自然村）
	塔庄镇高峰村
	上莲乡上三村
	上莲乡章旦村
	省璜镇王洋村
	省璜镇塘下村
	云龙乡际上村
	下祝乡源溪村
	下祝乡后岭村
	桔林乡后洋村
	桔林乡温汤村
	桔林乡桔林村
	桔林乡尚德村
	梅溪镇碧峰村
	东桥镇南坑村
	三溪乡宝溪村
	三溪乡山墩村

闽清县祠堂名单

乡镇	建筑
梅城镇	陈祥道、陈旸纪念堂
梅溪镇	樟洋林氏祖祠
	樟洋林氏长房—五房支祠
	樟洋林氏六房应魁公支祠
	樟洋刘氏支祠
	梅埔黄氏宗祠
	白河江张氏支祠
	爱蕉坪许氏祖居
云龙乡	龙川吴氏宗祠
	厚龙徐氏纪念堂
	台鼎黄氏宗祠
	官庄邓氏宗祠
	漈上陈氏祖祠
	漈上蒋氏祖祠
	漈上李氏祖祠
白樟镇	樟峰陈氏宗祠
	溪南吴氏宗祠
	溪前林氏宗祠
	小园汾阳郭氏宗祠
	鹤洋詹氏宗祠
	鹿园刘氏支祠
	闽清龚氏宗祠
	横坑林氏祖厝祠堂
金沙镇	莊峰林氏宗祠
	豫章罗氏沃峰宗祠
	光辉欧氏宗祠
	光辉黄氏宗祠
	光辉严氏宗祠
	鹤垱张氏宗祠
	溪头林氏宗祠
	广峰林氏祠堂
	三泰洋前隔黄氏支祠
	三泰洋里隔黄氏支祠
	广峰陈氏宗祠
	垅林张氏宗祠
	垅面林氏祠堂
	古峰朱氏宗祠
	垅面余氏宗祠
	上演谢氏宗祠
	宝峰黄氏宗祠
白中镇	凤坂黄氏宗祠
	溪演龙岗吴氏宗祠
	珠峰俞氏祠堂
	继善张氏宗祠
	彭城钱氏宗祠

乡镇	建筑
白中镇	黄石林氏祠堂
	鹤汀陈氏宗祠
	普贤黄氏宗祠
	霞溪俞氏宗祠
	攸太高氏宗祠
	攸太林氏宗祠
	可梅尹氏祖居
	梅坂尹氏宗祠
	梅坂林氏祠堂
	保林祠堂
	继善姚氏宗祠
池园镇	黄氏以宁公支祠
	古灵陈氏支祠
	龙井吴氏宗祠
	玉山黄氏支祠
	池园隔兜陈氏宗祠
	池园刘氏支祠
	隔兜黄氏支祠
	井后蒋氏宗祠
	潘亭许氏支祠
	宝山李氏宗祠
	东前京兆杜氏支祠
	东前汪氏纪念堂
	珠坑黄氏支祠
	田地邱氏支祠
	石鼓仑詹氏祖居
	柯洋陈厝垅陈氏支祠
	柯洋前洋陈氏支祠
	限头凤洋刘氏支祠
	登瀛黄氏宗祠
上莲乡	方氏支祠
	十二都范氏宗祠
	后佳黄氏福里堂
	后佳池氏吉祥堂
	洋头池氏孝廉堂
	后佳池氏昌隆堂
	后佳赵氏宗祠
坂东镇	虎丘黄氏六叶祠
	玉阪刘氏宗祠
	闽清郑氏宗祠
	闽清张氏宗祠
	文定许氏宗祠
	文定许氏支祠
	湖峰黄氏宗祠
	黄氏三叶凝公家祠

乡镇	建筑
坂东镇	虎丘垅上黄氏宗祠
	垅上詹氏宗祠
	凤洋刘氏支祠
	湖东黄氏支祠
	朱厝朱氏宗祠
	下杭西平池氏宗祠
	塘坂黄许陈卢刘五姓庆一祠
	塘边陈氏宗祠
	杨坂杨氏宗祠
	李坂李氏宗祠
	前埔应茂公纪念堂
	洪安良松公纪念堂
	麟田林氏宗祠
	鹿角刘氏宗祠
	坜埔黄氏宗祠
三溪乡	龙溪陈氏宗祠
	三溪碓垅林氏宗祠
	佳垅王氏宗祠
塔庄镇	塔庄黄氏宗祠
	塔庄纪公纪念堂
	塔庄纲公纪念堂
	塔庄宣公黄氏支堂
	莲宅林氏宗祠
	龙池黄氏理公祠堂
	下洋陈氏宗祠
	茶口九牧纪念堂
	梅坪黄氏支祠
	炉溪邱氏宗祠
	灵峰詹氏支祠
	林洞涂氏宗祠
省璜镇	王洋吴氏宗祠
	太原村王氏宗祠
	玉坂王氏宗祠
	炉前傅氏宗祠
	前峰黄氏支祠
	东埔陈氏宗祠
雄江镇	安岭刘氏祠堂
	西山余氏宗祠
	梅洋陈氏宗祠
	尾峰池氏宗祠
东桥镇	官圳孙氏宗祠
桔林乡	伴岭詹氏宗祠
下祝乡	杉村毛氏宗祠
	后峰林氏宗祠

后记

POSTSCRIPT

对故乡闽清往往自认为熟悉，但编制《闽清传统建筑》的过程，依然是收获满满的发现之旅。

“一方水土养一方人”，传统聚落、建筑同样受一方水土的影响。农耕文明时代，生产生活多伴水而生，交通物流也多依水而行，同一水域有相近的风土、人文、方言和族群，上下前后左右等方位也是结合顺流而下的方向而产生的。从人的方言、水的流域，结合行政区划和人口变迁，有利于识别和理解传统建筑的差异。而跨越流域、翻山越岭的古驿道是实现不同流域人员、物资、文化交流的路径。

风水地景的选择塑造是山地丘陵地域营造的关注重点。闽清“八山一水一分田”，山及与之关联的河流是认知地形地貌、聚落建筑选址和建筑朝向选择的关键。桥东谢氏大厝坐东南风水林朝西北开阔的云龙、云渡；冬畴厝坐南枕玉台山朝北；宏琳厝靠柯洋仙朝演溪。尤其后两落建筑在平坦开阔场地，即使具备条件也没采用通常认知的坐北朝南，从一个侧面说明了对风水地景的关注是传统建筑营造中朝向的决定性因素，优先于采光日照、生活便利、安全防卫、建造成本的要求。

包含建筑、聚落、景观的风土建成遗产，其美学价值、情感价值和文化价值的产生和激发都有赖于人和建筑的互动体验和图文的再现表达。航拍等技术手段提供了人与建筑景观互动体验的全新感受，极大提高了我们对风土建成遗产的风水地景、空间组合、风貌形态的认知，同时通过在内外空间上下、远近的深度游走，我们感受到传统匠师令人感叹的发现力、控制力、创造力和表现力。通过三番五次场景、多视点的细致入微现场感受和体验，体会到空间的场域、场景和场能。望青山绿树蓝天映衬下的飘逸燕尾脊和透空瓦花，品垂落在舒展灵动封火墙曲线中的木垂花，临挡溅墙和花园盆景旁美人靠，观光影在院落书院间垂落升起，是诗意栖居和写意人生，也是故土乡愁和传统魅力。

在工作之余，我和福州市建筑设计院有限责任公司的研究团队怀着好奇、欣赏、探索和发现之心，在炎炎夏日和偏远乡野，走过了 16 个乡镇街道、119 个村庄和 100 多栋建筑，付出了汗水和努力，收获了成果和成长。在闽清各界人士提供的资料和研究成果基础上，在闽清相关领导和基层村镇干部，以及闽清古厝中心张孔雄和陈家航的帮助支持下，我们完成了《闽清传统建筑》的编纂工作。

伴随着中国的城镇化进程，人口、产业、教育、资金等资源越来越向中心城镇聚集，依存于农耕经济时代生产生活方式的大量传统建筑面临破败、废弃、湮灭的风险。虽然整体上传统建筑的保护、传承和活化利用面临很大的挑战，但是近年来随着公众乡土意识提高和高校、政府的引导与投入，以及公益机构和社会资本对乡村价值认知的提升，出现了清华大学乡村振兴工作站闽清工作站入驻梅溪镇樟洋村、云畔·鳌峰院度假酒店落地梅埔鳌峰寨、宏琳厝“7·9 洪灾”后和桥东村谢氏大厝的整治修缮、梅城印记特色历史文化街区活化利用等积极因素，期待有更多可持续的积极因素推动乡村振兴和传统建筑的保护和活化利用。

因福州城投集团福州中洲岛项目适应性再生设计的机会，福州市建筑设计院和同济大学常青院士团队得以有缘紧密合作，并在项目现场、万寿桥遗址、乌山摩崖石刻等地留下了互动交流的生动场景。感谢常青院士欣然提笔为《闽清传统建筑》作序，以及对故土梅邑的宣传和对编著工作的鼓励与肯定。

希望《闽清传统建筑》能为故乡闽清传统村落和建筑的保护传承、活化利用和乡村振兴，为传播乡土文化，扩大梅邑影响，为留住我们的文化基因和故土乡愁尽一份力。

黄晓忠

2025 年于闽清梅城，改于旗山山麓

参考文献

[1] [清] 姚循义 . 闽清县志，1742.

[2] [民] 杨宗彩修，刘训瑺纂 . 闽清县志，1921.

[3] 闽清县地方志编纂委员会 . 闽清县志 [M]. 北京：群众出版社，1993.

[4] 闽清县地方志编纂委员会 . 闽清县志（1988—2005）[M]. 哈尔滨：哈尔滨工程大学出版社，2017.

[5] 闽清县委党史和地方志研究室 . 闽清传统村落，2021.

[6] 闽清县政协文史资料编委会 . 闽清祠堂，2006.

[7] 林跃先 . 闽清古厝 [M]. 北京：中国文史出版社，2014.

[8] 林跃先 . 闽清文物史迹 [M]. 北京：北京出版社，2011.

[9] 阮章魁 . 福州民居营建技术 [M]. 北京：中国建筑工业出版社，2016.

[10] 高铃明，王乃香，陈瑜 . 福建民居 [M]. 北京：中国建筑工业出版社，1987.

[11] 张德团，陈世泽，吴必銮 . 闽清坊巷，2002.

图书在版编目（CIP）数据

闽清传统建筑 / 黄晓忠著. -- 福州 : 福建科学技术出版社, 2025.3

ISBN 978-7-5335-7174-0

Ⅰ. ①闽… Ⅱ. ①黄… Ⅲ. ①古建筑 – 建筑艺术 – 研究 – 闽清县 Ⅳ. ①TU-092.2

中国国家版本馆CIP数据核字(2023)第237554号

出 版 人　郭　武
策划编辑　李新文
责任编辑　李新文　陈曈妮
责任美编　刘　丽
装帧设计　李　励
责任校对　林峰光　蔡雪梅

闽清传统建筑

著　　者　黄晓忠
出版发行　福建科学技术出版社
社　　址　福州市东水路76号（邮编350001）
网　　址　www.fjstp.com
经　　销　福建新华发行（集团）有限责任公司
印　　刷　雅昌文化（集团）有限公司
开　　本　635毫米×965毫米　1/8
印　　张　53.5
字　　数　300千字
插　　页　4
版　　次　2025年3月第1版
印　　次　2025年3月第1次印刷
书　　号　ISBN 978-7-5335-7174-0
定　　价　468.00元